LOCUS

LOCUS

LOCUS

LOCUS

# touch

對於變化，我們需要的不是觀察。而是接觸。

a *touch* book
Locus Publishing Company
11F, 25, Sec. 4 Nan-King East Road, Taipei, Taiwan
ISBN 957-0316-13-6　Chinese Language Edition



May 2000, First Edition
Printed in Taiwan

**Coke的另一種配方**

作者：瑟吉歐・柴曼（Sergio Zyman）
譯者：陳逸君
責任編輯：陳郁馨　美術編輯：何萍萍
法律顧問：全理法律事務所董安丹律師
發行人：大塊文化出版股份有限公司　e-mail: locus@locus.com.tw
台北市105南京東路四段25號11樓　**讀者服務專線：080-006689**
TEL:(02) 87123898　FAX:(02) 87123897
郵撥帳號：18955675　戶名：大塊文化出版股份有限公司

總經銷：北城圖書有限公司　地址：台北縣三重市大智路139號
TEL:(02) 29818089（代表號）　FAX:(02) 29883028　29813049
排版：天翼電腦排版印刷股份有限公司　製版：源耕印刷事業有限公司
初版一刷：2000年5月
定價：新台幣300元

touch

# Coke的另一種配方

## 行銷之終極

The End of Marketing as We Know It

可口可樂的行銷魔法師 Sergio Zyman

陳逸君⊙譯

# 目錄

自序　6

引言／打破黑盒子　18

## 第一部　What and Why

1 以賺錢爲目的　29
行銷預算是一種投資

2 別到機場搭火車　53
有了策略，才有品牌

3 並非藝術，完全科學　71
拋開一切面子問題

## 第二部　How and When

4 打造一張身份證　101
名稱・期待・區別

5 戴妃、柯林頓與禁食節　139
萬事都互相效力

6 虛擬消費不要也罷　167
從理論上的好感到行動上的購買

7 往有魚的地方捕魚　193
(願意＋需要) ×有閒錢

8 忘記背後，努力面前的　221
殺掉去年的點子

第三部　Who and Which

9 給我高手，其餘免談　245
建立一支專業的行銷大軍

10 我親愛的廣告代理商　281
尋找門當戶對的廣告公司

結語／傳統行銷之死　311

# 自序

我在受邀演講的場合，介紹我出場的人總會說，我，瑟吉歐・柴曼，應該要爲廣告行銷史上繼福特汽車 Edsel 車款之後的最大失敗負責。那樁失敗，指的是新配方可口可樂（New Coke）的上市。

這介紹辭我喜歡。一來，我就可以順勢接話，講起廣告行銷這主題；二來，我有機會向大家解釋，新可口可樂絕對不算失敗產品。我每一次演講，到了結尾通常都能做到使聽衆接受我的看法——我希望，當你把這本書讀完後，我也能說服你。

不過，這本書並不是哭哭啼啼訴說我在做新可口可樂時所受的委屈。本書不打算爲可口可樂公司做宣傳，也不打算提起當年勇，說我過去做了多棒多好的案子——例如「就是可口可樂」（"Coke is it"），例如「永遠可口可樂」（"Always Coca-Cola"），又如健怡的「就是要它的味道」（"Just for the taste of it"），再如雪碧的「順從你的渴望」（"Obey your thirst"）。因爲，就算可口可樂公司的行銷歷史非常引人入勝，我最近卻想著更重要的事：我認爲，我們所熟悉的行銷時代已經結束，死翹翹了——但大多數的行銷人還懵然不知。

行銷世界裡，仍有許多人裝出一副魔術師的樣子。這些人你見過，他們在辦公室裡趾高氣昂，說什麼：「可是，你又不是做廣告行銷的，你不懂。」或說：「是要花不少錢，不過它一定有神效。」或者：「我知道沒辦法計算效果，不過你相信我，一定有效的啦。」我說，這種「可是…不過…」的日子，過去了。

說穿了，行銷根本不神奇，它不是點石成金的鍊術。行銷，是一門可以，也必須根據嚴肅的訓練來認眞對待的學問。行銷人如果沒辦法認淸這一點，如果不改變自己的概念和行事，那麼，不但很快會沒事兒做，他們所待的公司也很快會在業界消失。

假如我現在還在爲可口可樂公司工作，我一定寫不出這本書。說眞的，看著自己的公司一直搞錯方向（他們弄壞了行銷人的名聲），我不怎麼開心。然而，我根本沒有機會對公司說：「嘿，兄弟們，請讓在下爲你開開眼界。」所以，趁著那些有如巫毒的行銷業大牌神祇們尙未全面佔據電視，我來了，要來敲起警鐘。哈囉，起床啦。我是那個指出國王沒有穿衣服的小男孩，而且，我再也無法保持沈默。

我愛行銷；我知道，正確的行銷是有效果的。問題是——一言以敝之，問題出在過去二、三十年來，行銷人愈來愈陷進周圍的裝飾物之中，無法自拔。行銷人對著亮麗的製作和廣告獎項的光環嘖嘖稱賞，期待著能到某個熱帶小島出差拍景，卻忘記了自己的工作是要銷售。結果，行銷人在銷售方面的成績不甚理想，卻把自己的失職推卸給一個貼有「行銷如魔法」籤語的黑盒子。而由於行銷人推卸責任的事兒做得太成功了，所以他們變成不再有資格被稱爲正規的商業人士。

今日，在大多數的公司裡，行銷方面的工作是沒有效果的，因此行銷被當成不必要的活動。行銷部門的主管和員工可能不願意承認自己的工作無效，但是你看，公司裡每逢預算緊縮，總是先把行銷的預算砍掉。你有什麼話說？

在我基本的信念中，行銷是一門科學，花在行銷上的經費是投資，以後要把資本賺回來。本書將會細述我這種想法。行銷既然是科學，就必須能被測量，必須能被解釋清楚，必須被理解——這最重要。如果你認爲，做行銷只是拍出讓人眼睛一亮的廣告片子，偶爾運用促銷和折扣來刺激一點銷售，你就等著被炒魷魚吧。

不過，已經露出正面的跡象。拿起《華爾街日報》、《紐約時報》或《洛杉磯時報》來讀，你會發現，許多公司已經明白，花在行銷上的經費必須要能生出更多的錢才行。（然而，這些報紙之所以報導這一回事，是因爲他們剛剛叫自己報社裡的行銷主管捲鋪蓋走路，或者是正打算要換廣告代理商。）這股趨勢還會持續。公司股東愈來愈要求自己的投資必須有回收，而企業的中高階主管們也比較認眞面對這件事了。如果基層行銷人還不跟上來，很快就會被甩在遠遠的後頭。

我這一本書，寫給基層行銷人和這些人的主子們看；我要告訴大家，行銷的目的到底是什麼，又該如何達成目的。我會稍微提起過去的歷史，說明爲什麼行銷業會落到今日田地，但主要內容將會描述行銷的未來，以及應該朝哪些方向努力。

在我看來，未來的行銷業——那使我功成名就，也將使我繼續保持成功的產業——乃是一門回歸基本意義的行銷學。行銷不會脫離古老的商業原則；花錢做行銷是爲了賺錢；需要行銷人手時，才雇人進公司；而受雇來做事的人，是要用行銷來賺大筆銀子的。

未來的行銷業，將會和今日許多公司一樣，以財務的標準來衡量資產，但同時又要運用創意，而且要有膽量。這話你聽了也許不舒服，你會斜眼睨我，思考著這話是眞是假。希望你眞的會去思考。但是，未來的行銷不會是冒險的工作，因爲它會伴隨著仔細的科學實驗。有人說我是「才華橫溢的行銷人」，有人的話沒那麼好聽。其實我沒有那麼才華洋溢，我只不過是非常清楚自己要往哪裡去，並且運用邏輯來抵達目的地。

我前面說過，這本書不是可口可樂之書，但我會以可口可樂的方式爲例，分析其中的策略與技巧，說明我和我的工作小組如何做到讓這一家老字號公司在五年裡業績成長百分之五十，從一百億增爲一百五十億美元。我會說明我們究竟做了什麼，更會解釋我們如何擬出定位和行銷原則，爲一個老品牌注入新活力。我們的確是製作了一些有趣又好看的廣告，推出了若干很亮眼的活動，使用了讓人眩惑的特技——但是，我們能成功，眞正的原因是因爲我們時時銘記在心，知道自己的目標在於讓更多人來買產品，讓他們更常來買，好讓公司賺更多錢。在那一段時期，可口可樂公司的市值從四百億升高到一兆六千億美元。

書裡會講到「新可樂」的故事，說明它爲什麼大大成功。沒錯，新可樂的確激怒了大衆，花了龐大經費，廣告卻只播了七十七天，我們就另外推出經典可口可樂的新案。新可樂的成功，在於它讓品牌重生，並且使大衆對這個品牌有感覺。新可樂的表現不如我們原先的預期，不過它仍然達到了我們的目標：改變了消費者與品牌之間的基本對話方式。在這本書裡，你會常看到這個「改變消費者與品牌的對話方式」的概念，以及讓這個概念付諸實現的範例——除了非酒精類飲料廣告的例子之外，還包括電腦、航空公司、洗衣粉、運動鞋等等產品。

我也會提起我最感自豪的成就之一：雪碧汽水的重新定位。雪碧是一種檸檬口味的透明汽水，但我們在做雪碧案子的時候，決定把「檸檬口味」這個特點完全抛開，而把雪碧放在一個更大的飲料類別裡來思考。這麼做之後，雪碧的銷售額在四年裡提升了三倍。我們只是改變了大衆對雪碧的看法，這是在「外在」動腦筋，而不碰觸「固有的」本質，也就是不談這項產品在罐裡或瓶裡裝了什麼。

我也會提到「透明太柏」（Tab Clear）的例子。我們把新可樂推上市時，目的可不是要它從市場上消失的，但我們推出透明太柏時，用意就非常淸楚，是要它死掉——百事可樂公司那時剛剛推出「晶瑩百事」（Crystal Pepsi），這是一項新產品，也是一項新產品類型，但我們不覺得它能有啥搞頭。不過，得再等一段時間它才會消失。於是，爲了加速晶瑩百事的死亡，我們推出了透明太柏，把透明的可樂定位爲低熱量的健康飲料，這麼一來，晶瑩百事遇到麻煩，因爲晶瑩百事含有糖分。定位的工作是一條雙向道，你旣得替自己的產品定位，也得替競爭對手的產品定位。

我還會談到健怡可樂，這個堪稱史上最成功的新產品。我會談到果托邦（Fruitopia）如何誕生於已故的可口可樂公司董事長葛瑞巴（Roberto Goizueta）的一句話：「嘿，我們來佔領非碳酸飲料的市場吧。」

此外，我會討論如何訂定目的地和塑造品牌，我要告訴你，建立超大品牌的想法已經過時了。我會談到形象與定位所扮演的角色，如何評估新產品和新市場，如何進行研究，以及如何揣測消費者的心思。而且，我會讓你知道，如何建立一支世界級的行銷隊伍，如何善用這支隊伍來達成以上各項任務。

最後，我會談到如何與廣告公司配合。我認爲，若要製作出好的廣告片，廣告公司當然是不可或缺的力量，但廣告公司都很自以爲是，很剛愎自用，而且名不符實。我會說明可口可樂公司如何與它的廣告代理商合作。在紐約市的麥迪遜大道上，敝人因爲作風嚴苛而得名“Aya Cola”和「阿提拉」(Attila the Hun) ①。沒關係，阿提拉也是個注重最後結果的人。

總之，我要說：行銷的主旨在於賣東西。但是行銷人把這個眞正目的忘得一乾二淨，現在必須趕快恢復記憶。行銷不是要塑造形象，形象只能讓人記得你是誰，卻不能促使別人去做什麼。行銷在乎的也不是要製作出能得獎的廣告片。行銷，是促銷和宣傳和打廣告，以及其他能有效說服別人去買你產品的方式。以速食業來說，行銷關係到有沒有人來大口稀裡呼魯吃；對於航空業來說，行銷關係的是座位有沒有被坐滿。行銷，講的是利潤，看的是結果。

一九八七年時，我離開可口可樂公司美國行銷最高主管的職務，有人以爲我是因爲新可樂企劃案的失敗而被砍頭，或是「杯酒釋兵權」，所以，當我九三年重回可口可樂，擔任行銷總長（chief marketing officer）並兼資深副總裁時，他們大表驚訝。我可不是被開除的，我那年離開是因爲「爾愛其羊，吾愛其禮」，我喜愛行銷工作，但我想做的某些事，公司還沒辦法配合。也是這個原因，使我在九八年五月再度離開可口可樂公司。

第一次離開可口可樂的期間，我過了一段愉快的顧問生活，彷彿自己擁有了實驗室，卻還能上學。找我去當顧問的公司包括便利商店、速食業者、眼鏡行、航空公司，甚至還有微軟和地中海度假俱樂部（Club Med）。我從每一個客戶身上認識他們所置身的市場與顧客群，並且融入我自己的經驗，做了一番歸納和整理。我的經驗大多來自可口可樂，但讓我初試啼聲的寶鹼公司（P＆G），也讓我學到很多功課。我做寶鹼時是在麥肯廣告公司（McCann Erickson），也是在麥肯的時候，被派去墨西哥負責可口可樂和百事公司的案子。

一九九二下半年，葛瑞巴和伊維思特（Doug Ivester）兩人，問我願不願再回可口可樂公司。一開始我挺猶豫的。因爲這時候我已經開了自己的公司，蓄起一頭長髮，不怎麼想再穿上西裝喊別人老闆。不過，我犯了幾個錯誤。沒有行銷背景的伊維思特當上可口可樂的總裁，於是我開始在晚上和週末與他聊廣告是怎麼一回事，又該怎麼做廣告。

我既然是人家顧問，就寫了一份可口可樂行銷結構與運作的報告。現在回想起來，那可眞是史上最長的面試。伊維思特優秀能幹，對於如何把可口可樂公司經營成一流的行銷典範，充滿幹勁、聰明與熱忱。把我弄得躍躍欲試。現在回想，他那時引誘我回公司，我很高興。

我必須承認，被可口可樂找回去做我一直想做的東西，確實讓人樂陶陶。我彷彿一個假釋出獄的人回籠。回到可口可樂。二度在可口可樂工作的這五年，眞是轟轟烈烈。伊維思特放手讓我雇用全世界最棒的人才，事實上，是他鼓勵我這麼做的。我接觸到若干來自全球的，堪稱最具新意、最有意思的市場測試法。我一年裡要進出上百個國家。我東西南北認識了各地的政治、經濟與消費文化。

我的激烈作風惹惱了一些人，他們說我攻擊性很強。那又怎樣？我認爲，當有人提出一個好點子時，你應該提出問題，挑戰那個點子的可行性，因爲很可能他自己都還沒有想透徹。假如你提問並且逼他面對問題，他會把點子修得更好。此外，我始終不放過細節，這也讓別人覺得很煩。這種風格，習自我某位客戶，此人名叫比爾・蓋茲。與微軟配合時，我稱這過程爲「推擋」：任何新點子拿到比爾・蓋茲面前，他一定先擋住，把點子推回去……而且是用力推回去。但這做法絕對能讓那原先提出點子的人開竅，而且使點子的效果增至最大。

我不敢說所有好點子都出自我一個人，所有事兒我都是獨力完成。決定要把行銷拉到前線，讓公司變成以行銷爲主的人，是葛瑞巴與伊維思特他們兩位，至於完成這件任務的，是我們幾個人，加上一群傑出的工作小組。我一九九八年五月一日離開公司之後，可口可樂成爲全世界最強的行銷組織與思考機器。毋庸置疑。

我一直是個要求很多，讓人不得喘息的人。我大半生命給了行銷這一行。這一本書，來自我這麼多年下來從這麼多人身上，以及從閱讀與觀察中學到的東西。我從幾十年的經驗中，整理出我認爲很不錯的策略、手法與過程。本書的內容，讓我抵達今日位置。

而我很喜歡這個位置。

註釋：

① 根據作者表示，“Aya Cola”此字由“Ayatollah”而來。“Ayatollah”指的是回教什葉派的宗教領袖，近代最有名的一位是柯梅尼（Ayatollah Khomeini）。當作者打算改變美國廣告業行之多年的遊戲規則時（詳見本書第十章），紐約麥迪遜大道上的廣告人借“Ayatollah”此字之義，把“tollah”改成“Cola”（取其「可樂」的諧音），暗諷作者的作風激烈，有如基本教義派的極端宗教份子。

阿提拉是公元五世紀時的匈奴族領袖，戰無不克，攻無不勝，勢力範圍達到阿爾卑斯山以東，波羅的海以南，裡海以北的地區。公元四五一年攻打東羅馬帝國與高盧，歐洲人說阿提拉的入侵是「天譴」。

# 引言

## 打破黑盒子

行銷人發現，如果對客戶解釋自己在做什麼，
對自己不見得有好處，他們也就不說了——
不但不說，反而想盡辦法讓大家以爲，
行銷人是魔術師，或某種施巫毒的人，
並鞏固這種迷思。但我要說，
行銷人爲自己披上神祕外衣的日子未免太久了。
「行銷如魔術」的時代，
「我們所了解的行銷」時代，已經結束了。

螢幕中躍出影像。是那兇巴巴的喬・葛林（Joe Greene），美國國家足球聯盟所有選手中最悍最壞的一個。他受了傷，氣壞了，大吼大叫——這時，他瞥見一個小孩手握一瓶可口可樂。

孩子心不甘情不願，把可樂遞給喬。喬收下了，並且彬彬有禮說了聲謝謝。然後，他把自己的襯衫給了小孩。

美國人愛死了這支廣告。大家連著幾星期熱烈討論。不過，評論人士對它大加撻伐。裝瓶廠商（bottlers）樂翻了，這支廣告很紅，全世界的可口可樂廣告代理商都想拿去翻譯成自己語言的版本。泰國人甚至照抄，只不過把主角換成一名泰國的知名運動員。這支廣告應該永遠播放下去——對吧？

不對。可口可樂公司並沒有一直播下去，他們反而撤回廣告，改用一個新的企劃案。新案叫做「就是可口可樂」。

等一下。可口可樂爲什麼這樣做？爲什麼要動用上百萬美金製作一支廣告，卻在它受歡迎而且得了廣告獎之後把它撤掉？

答案很簡單。我說簡單，因爲我就是那個決定要把廣告收回來的人。我身爲可口可樂公司的行銷人，職責在於把消費大衆弄出屋子，去餐廳或各種商店購買更多的可口可樂公司的產品。剛才說的喬・葛林廣告沒有達到這目的。

很多人認爲，如此快速就砍掉一支廣告，簡直浪費錢。我這麼決定，乃是因爲我有一個策略上的目標：吸引更多人買更多可口可樂。如果繼續花錢買廣告時段來播放這則沒有達成策略目標的作品，豈不更浪費錢？

## 行銷就是在賣東西

一九八〇年代，「影像」是衡量廣告和行銷做得成功與否的最高指導原則。那段時日，歷歷在目。我記得，差不多與前述的喬・葛林廣告同一段時期，也要推出一個新的雪碧廣告：「想要更多，就來找雪碧。」（"When you're reaching for more, reach for Sprite."）我們把這則作品帶到舊金山，在一場叫做「大同樂」（The Great Get-Together）的熱鬧活動上向裝瓶廠商介紹。

裝瓶廠商很喜歡這新的雪碧廣告詞，經理群也喜歡。所以，你可以想像，當幾星期後我在我們紐約的辦公室宣佈，這支新廣告沒有效果——裝瓶商和經理群非常吃驚。他們問，怎麼回事？

事情很簡單，因爲這支廣告沒有使銷售增加。也許聽來根本是基本常識，但對於他們來說，我是壞人，因爲我打算賣更多雪碧。

你瞧，我這種認定廣告與行銷必須能賣出東西的想法，眞是會把事情搞砸。我不管喬葛林的廣告讓裝瓶商和零售商看了高興，我也不管新雪碧的廣告在裝瓶商的聚會上造成轟動；身爲一個行銷人，必須永遠記住，最重要的只有一群人。是誰？消費者嘛，猜不到的是笨蛋！

不但如此，行銷還必須促使消費者採取行動。光讓消費者認識產品，不是廣告的目的。那種消費者喜歡你產品卻不會想去買你產品的「虛擬消費」，我不要。我也不在乎得不得廣告獎。我只在意眞正的消費。因爲，你進入行銷這一行，唯一目的就是刺激消費者的消費，否則客戶幹嘛花錢找你做廣告？一項不能讓消費者掏腰包的活動或促銷，老實說，是窩囊廢一個。如果你現在正好陷於沒辦法刺激消費的情況，趕快嘗試別的法子。記住，你的目標只有一個：叫大家來買你的產品。

本書的原書名叫做《我們所了解的行銷，已經結束了》（*The End of Marketing as We Know It*），我取了這麼個名字，是因爲在行銷界，有很多人不肯把打動人心的廣告給砍掉；十五年前不肯，現在仍然不肯。他們喝著「影像最大」這句教誨的奶水長大。可是，整個世界都變了，假如行銷人不開始跟著改變，他們將一命嗚呼。

## 行銷這門生意應該要能賺錢

隨便拿起報紙，翻到報導廣告業動態的版面，你會看到一篇又一篇文章說，哪家企業又換廣告公司了，或誰在若干年之後終於決定結束某項廣告案。在若干年之後？！幹嘛等這麼久？三個月不夠長嗎？如果三個月一到，銷售沒有增加，就抽掉廣告。打落牙齒和血呑，立刻抽掉。

請注意：我說的是**行銷這門「生意」**應該要能賺錢，而不光說行銷要賺錢。因爲行銷不是別的，就是一種生意上的作爲。如果你還想在未來佔有一席之地，那麼行銷人和高階主管應該要開始用純粹生意人的眼光來看待行銷。不要管才不才氣華不華麗，行銷既然是一種生意，你就該當它是生意。

二、三十年前，大家說自己在「行銷遊戲」裡做事；多年後，行銷人把自己地位提高，說成是行銷藝術。嗯，我說行銷既不是遊戲，也不是什麼裝飾物或神奇技術。它就只是生意，不折不扣的生意。所謂行銷，乃是經由有系統的、經過斟酌的方式，定出計畫並採取行動，讓大衆購買更多你的產品，使廣告主賺錢。

我在行銷產業能成功，不是因爲我具備藝術天分或是懂得混；我能成功，因爲我知道做行銷是在做生意。我在面對任何一項新企劃、新活動提案和新產品時，都把它們當成投資，日後要有所回報。我把行銷當成一項製造利潤的任務。

我當然也懂得冒險，做任何一行都一樣，你如果不冒點險，就無法屹立不搖。在我所做的嘗試當中，並非次次盡如人意，但不管新案子的規模是大是小，我一定會做一番損益評估。我盡可能追蹤結果，計算它的獲利；假如發現結果沒有想像中好，我就改變手法，因爲我從來沒有忘記，我們的目的是爲了吸收新顧客，銷售更多產品，然後讓公司賺錢，讓股東高興。

這麼多年下來，有一件事很難以置信但它不斷發生：財務人員和俗稱的「金主」都覺得，我一直不像個做行銷的人。原因？行銷人不是向來只會花錢不能賺錢的嗎？在這些財務人員和出錢的人眼中，一個做行銷的人最可能達成的財務責任，最多就是不要超出製作預算罷了。而我認爲，商業中的每一個動作，都必須要做到能增加價值並且賺錢。行銷也不例外。

在今日世界，電腦可以照你意思，提供各式各樣的數據分析，所以很容易就知道哪些東西花多少錢，然後它賺了多少。可惜太多行銷人不明白這些數字的意涵。他們也許知道如何精準利用電腦來蒐集資料，做市場區隔，也懂得利用電腦來查明各種開支的狀況，偶爾用它來稍微了解一下某些新案子的績效。而且是用 PowerPoint 軟體來說明呢。

我們這些做行銷的人，如果想繼續欣欣向榮，就要重新思考自己的作爲。我們別再滿口什麼行銷是一門莫測高深的工夫這種廢話，快去做正事。事實上，只要你有心，你就能計算出你在行銷工夫上所花的每一塊錢到底賺回了多少，一如你能計算出設立一家裝瓶廠或買一部新貨車能爲你賺多少。

## 絕非神祕，毫不神奇

我在三十年前進入行銷業，那時候，多數公司心知肚明，行銷是不得不做的事。他們也許不是打從心底相信行銷的用處，也不完全清楚爲什麼非做不可，但不敢不做。行銷人告訴這些公司，行銷很重要；而這些公司看見了，如果做了行銷，銷售會增加，眞神奇！所有競爭對手都砸下大筆經費來建立行銷部門，所以各公司覺得，輸人不輸陣，也來做吧。不過，他們不懂那些搞行銷的傢伙到底在玩什麼，如果說大部分的行銷能有效果，事情可眞是神祕呀。

這是行銷人的絕佳良機。他們的顧客——雇他們來工作的人——不懂行銷人在做什麼，但覺得需要用高薪找他們來工作。而行銷人發現，如果對顧客解釋自己在做什麼，對自己不見得有好處，他們也就不說了——不但不說，反而想盡辦法讓大家以爲，行銷人是魔術師，或某種施巫毒的人，並鞏固這種迷思。我初進寶鹼在墨西哥的分公司工作時，行銷部辦公室的大門是上了鎖的，只有行銷部門的人才有鑰匙。我們自許爲創意菁英，不屑與營運部門的「死腦筋」往來。我們嚴密保護手上的資訊，使得沒有人知道我們在做什麼，更無從判斷我們所做的事有沒有價值。別人只能聽我們的話，別無其他選擇。

## 「行銷如魔術」的時代，「我們所了解的行銷」時代，已經結束了。

我可不是說所有做行銷的人都是郎中，事實上，我相信絕對不是這樣。我本人相信，行銷是有效果的。我不但知道，有了行銷，可以使原本不會購買你產品的人去店裡買你東西；我還知道，行銷不是可有可無的東西。凡是想擴大規模並讓現有股東滿意的公司，想在業界屹立不搖的公司，絕對必須做行銷。（順便提一下，如果你不主動出擊，爲自己的品牌或產品做行銷，我保證，你的競爭對手一定會藉由爲他們的產品做行銷而同時爲你定位。）我要說的是，行銷人爲自己披上神祕外衣的日子未免太久了。「行銷如魔術」的時代，「我們所了解的行銷」時代，已經結束了。

因此，在這本書裡，我要打開這行銷的黑盒子，把逸散出來的氤煙之氣吹走，讓你清楚看見盒子裡裝些什麼把戲。

你不會看到一大堆戲法，不會看到滿是咒語似的書，也沒有兎子或魔術師帽。但你會看到很多的新工具和已經被用得很順手的舊工具，我不但會讓你瞧一瞧這些工具，也會讓你明白，我們如何使用它們來賣掉幾億箱的可口可樂產品。另外，我會告訴你，我們為什麼要那樣用它。

我總是說自己只有二十九歲，事實上，我在行銷業已經待了三十年，努力了三十年，所以你可以從這本書中拾取若干新點子或策略——如果你找到了，我會很高興自己小有貢獻。不過話說回來，我這本書不是要寫成「行銷穩贏手法一百種」，而是試圖說明我個人的行銷觀念，進而促使你思考你自己的觀念。我想破解行銷的神祕氛圍，好讓基層行銷人和他們的主管都能認清楚，行銷究竟是怎麼一回事，如何使它生效，如何為打算提高銷售與獲利的公司達成目的。

我想要在行銷業界和商業界（其實，兩者是同一種東西啦）帶動一次對話，大家來談一談，什麼是行銷。我覺得，今日有很多公司的做法是順勢而為的，只是蕭規曹隨的，以舊的行銷認知在做事。我認為，這些舊的認知必須拿出來重新檢視。我要你來接受挑戰，重頭想一想。

我自己想了很多。而從多年的經驗中，我發展出以下你將會讀到的看法。我很有把握，我的看法不會差。你大約猜得到，我會使盡吃奶的力氣來向你推銷。但我最終目的不在於硬要你接受我的想法，而是點燃幾堆新火（也許有時候擲出了幾枚手榴彈），叫你重新檢查你自己的想法：你以爲，自己是怎麼走到今日局面的？接下來你想達到什麼地位？你該如何做到？

# 第一部
# What and Why

你花錢做行銷，所爲何來？
長久以來，你以爲自己知道什麼叫行銷，
但是，你的認識正確嗎？
本書第一部要清清楚楚告訴你：
做行銷的唯一目的，在於「銷售」。
而行銷不是藝術，也不是在變魔術，更不能訴諸直覺。
行銷是一種科學，講究實驗、邏輯與數字，
必須有策略，還必須能根據結果來修正原先的假設。

# 1

# 以賺錢爲目的

## 行銷預算是一種投資

可口可樂公司有一項「政策」：花錢是爲了賺錢。

除非某個做法沒有作用，

使得這個產品的銷售對不起公司在它身上所做的投資，

否則我們不會減少行銷預算。

如果某個方式奏效，我們就砸更多錢，繼續做；

我們會一直投資到這項產品不再獲利爲止。

你花錢做行銷，所爲何來？做行銷，唯一目的是要吸引消費大衆來買你的產品，多多買，常常買，讓你賺更多錢。如果你的行銷方式無法把顧客送到收銀台，掏出錢來買你的產品，就不要採用那種方式。

當我說，行銷的目的在於賺錢時，許多業界朋友會一笑置之：「你跟誰開玩笑啊？行銷不是爲了賣東西；業務才是以銷售爲目的。」

也許吧，過去的行銷人只要做到與消費者建立某種關連就夠了。那套方法你不陌生：拍一部廣告片，配上輕音樂，再揮金如土買下昂貴的時段，只求在消費者心中留下印象。但是，時至今日，這套做法不夠啦。當然，你做廣告是爲了製造影像，希望消費者喜歡這些影像，而且走進商店時還會記起——但你花錢做廣告，唯一目的是希望廣告能幫你提高銷售量。

這道理很多人不懂。他們經常陷在幻想曲似的「以爲」當中，以爲眞正能讓業務或獲利成長的方法，是發展一套新的配送系統，或提高製造過程的效率，或增加業務人力。事實上，這些方法都不能使業務和獲利成長。想賺錢，你得賣出東西；想賣出東西，首先你必須讓別人「想要」那個東西。**行銷，就是要你「想要」那個東西。**

## 誰說過程比結果重要

如何做到讓消費者「想要」那個東西?首先，你必須先認識行銷。行銷不是廣告宣傳;行銷不是去熱帶小島拍廣告片，不是弄個辦公室擺兩叢棕櫚盆栽，對著個廣告代理商頤使氣指。這些方法，也許適用於昨日的行銷。然而今日仍有很多人以爲行銷就是這樣做;他們自欺欺人，說行銷就是花大錢做個有創意的廣告，並且在所有電視頻道和報紙雜誌上播放出現。不，事情不是這樣的。

行銷甚至也不是一種綜合物，光把廣告和包裝、促銷、市調、產品開發等等湊在一起就算數;這些方式，只不過是行銷的**工具**。工具本身，不是行銷;如何運用這些工具，才是行銷;決定該做什麼不做什麼，又該採用哪種工具，才是行銷。

這意思就像你手上有鐵鎚、鋸子、一盒鐵釘和幾塊木頭，但你還是得找個木匠來幫你做出一張桌子，而你一開始要先決定，到底是要做桌子或椅子。行銷，是一種有策略的行動與訓練，其最終目的在於吸引更多消費者更常來買你的產品，買得更多，好讓你的公司賺錢。行銷不是一大堆不得不完成的任務而已。你務必認淸上逑這一點。

一旦你了解到，就你應該要完成的事情來說，策略是重大要素，這就會影響到你著手進行此事的方式。如果你認爲，你的工作只是把上司交付的事務完成就夠了，那麼你就只會在乎如何把這些事情做完，你會以爲：「我今年得弄五個促銷，搞定六個系列的東西，寫出兩個廣告企劃案。」做完這些，你認爲自己完成任務了，事實上你只做到了皮毛。

**當行銷人知道自己的目標不只是宣傳，而更要賣出東西，結果就眞的能賣出更多。**

行銷的工作，在於賣出很多東西，賺很多錢。行銷是爲了吸引更多人來買更多你的產品，而產品定價可以提高——這一段小小箴言，會不時在本書中出現。這可不是因爲本書編輯在看稿子時打瞌睡，以致忘了刪去贅字贅句，而是因爲，儘管這幾句話聽來很簡單，但很多人好像很難把它記住。然而，行銷這件事眞的就是這樣：一直是這樣，將來也不會變。儘管有些做行銷的人會說，這是不可能的任務，但是，行銷人的眞正目的，的確在於賣出所有能讓公司賺錢的產品，因而使自己成爲高投資報酬的最終極執事者。

當然，如果你認爲自己的工作就只是做促銷，你還是可能賣出更多產品。不過，假如你知道自己目標不只是促銷，更要賣出東西，最後你就眞的能賣出更多，賺更多，因爲你做了比較多的事，方法也比較聰明。

## 行銷即投資

一九九三年我重回可口可樂公司上班，做了第一支重出江湖的廣告後，出於外交禮儀之故，我帶著片子到公司董事長葛瑞巴的辦公室，播放給他看。

葛瑞巴看了後說：「我不喜歡。」

「欸，」我說：「如果你打算把外頭賣的產品全部買下來，我會非常樂意做出一個你喜歡的廣告。否則，我就必須一直堅持做給那些消費者看。」

他一點就通。這之後，他對我說：「給我看銷售結果就好，我不看廣告。」

結果，完全只看結果。我所做的廣告並不以董事長為預設對象，同理，你所製作的廣告也不是給自己看的。有些行銷人硬說行銷是一門藝術，並自稱：「吾本天縱英才，天下唯我（和我的廣告公司）懂得自己所做出的藝術。而且啊，你是沒辦法具體測出廣告的價值的。」說這些話的人，死定啦。行銷要像投資，必須經過測試，也必須加以測量。

你很容易愛上自己所做的廣告，也很容易因為它無法「感動」你而認為它不成功；這樣是很危險的。我曾經為美樂啤酒公司擔任顧問，發現他們全公司上下都喜愛那一支老騎師喝美樂啤酒的廣告，我深感驚異。美樂公司似乎覺得，與老牌足球明星布柏・史密斯（Bubba Smith）、前任拳王福萊瑟（Joe Frazier）等等老一代體壇名人建立了某種關係，就提高了美樂啤酒公司在業界的地位。

其實，製作出公司自己人所喜歡的廣告，並不是壞事，相反的，這有助於提高公司士氣。只不過美樂公司忘了，自己產品的預設市場並不是公司的人和他們的廣告商，而是喝美樂啤酒的人，以及可能會被吸引來喝美樂啤酒的人。美樂公司太迷戀這項廣告案了，所以沒有發現，這次的廣告案沒有發生作用。

**可口可樂公司有一項「政策」：花錢是爲了賺錢。除非某個做法沒有作用，使得這個產品的銷售對不起公司在它身上所做的投資，否則我們不會減少行銷預算。**

雖然美樂公司知道銷售上有狀況，他們卻找遍理由來解釋銷售不佳的原因，可就是不換廣告。他們以爲，公司裡下自員工上至經理，外加廣告商，個個喜歡這幾支廣告，所以廣告本身一定沒有錯。而許多預設消費者也說喜歡這幾支廣告，但是他們被別的因素打動，改喝渴爾思（Coors）和百威。你知道百威的廣告詞是什麼？「別只說要Light就好，請指名要百威Light。」（"Don't just ask for a light—ask for Bud Light."）不怎麼有創意嘛，也沒有美樂的廣告詞好聽——可是，百威這句詞兒就是有效，它夠直接，夠率眞，開口叫大家來買。而消費者也眞的就去買了。

美樂啤酒一度是全美最受歡迎，市場成長也最迅速的啤酒品牌。現在，盛況不再。出了啥問題？因爲美樂公司沒有提出理由，叫大家去買美樂啤酒，所以大家不買了。結果，美樂公司裡面本來就「反行銷」的一派人士，更認定行銷無助於銷售。對於美樂公司來說，這種意見比銷售下滑更慘，因爲它加強了原本的看法：假如經費充裕，有行銷「也不錯」，但談不上必需；當公司獲利下降時，行銷更不可能成爲非做不可的行動。

世界一日三變，而投資者對於花了錢卻沒有收益的公司，可嚴苛得很。我不知道，以前的公司或企業能不能承受投資者掉頭而去的後果，但現在的公司是一定無法消受的。所以，仔細一想你會發現，今日大多數公司的做法毫無道理可言：在銷售數字遲滯的時候，竟然刪減行銷預算，而事實上唯有行銷最有可能提高銷售量。爲什麼要刪減行銷預算？爲什麼不多多在這個可以解決問題的方式上使力？

可口可樂公司有一項「政策」：**花錢是爲了賺錢**。除非某個做法沒有作用，使得這個產品的銷售對不起公司在它身上所做的投資，否則我們不會減少行銷預算。如果某個方式奏效，我們就砸更多錢，繼續做；我們會一直投資到這項產品不再獲利爲止。其他公司如果也能以這樣的角度來看事情，用行銷來刺激銷售，保證銷售數字的下滑速度不會那麼快，而銷售高點會更高，利潤更實際也更明顯。這對你有什麼意義？這麼說吧，當你老闆漸漸明白行銷的力量，也就是說，當老闆知道了行銷可以提高銷售，他就不會再以爲行銷只是花邊效果，你也就可以把行銷預算當成策略工具，努力達成目的。說得更白一點，這表示：當業務進展遲緩時，你老闆已經懂得不可以刪減行銷預算，反而要增加經費。

這就又要說到下一個主題：公司如何配置行銷預算。習慣上，一般公司把行銷當成一個花錢的項目：公司打算在行銷上花多少錢，就撥多少預算。比如：我們有X元，或者我們想運用公司獲利的百分之多少來做行銷；然後計算，用這些預算能做多少廣告或市調等等。然而，一旦你明白行銷是以銷售爲目的，那麼你拿來做行銷的這些花費就變成投資，而不只是支出。你所考慮的問題不再是「用這些錢能買到多少促銷宣傳」，而變成「用這些錢，能夠多賣出多少產品」。當你開始這樣思考時，你就會希望行銷預算多一些，因爲將會有正面的證據告訴你，投資多一些，收穫就會多一些。下次在花預算時，切記這一點。

爲什麼要記住？因爲你應該看一看，不一樣的做法有什麼不一樣的結果，判斷一下哪種方式有效。找出是哪種方式讓你收穫最大，然後在那上面花錢——就算這表示你要在自己不喜歡的電視節目上花錢，就算你自己不會被這種促銷宣傳手法打動。不要管你的另一半喜不喜歡這種方式，不要管你自己和朋友們的品味。哪個方式奏效，就去做它；若無效，當然就住手。

將來，公司的高階主管們會比過去更懂得行銷方面的事。(別忘了，他們也會來讀這本書呢。）到時候，行銷人如果還想要有飯吃，唯一出路就是能做到以利潤更高的價格賣出更多東西，而且確保大家都曉得你做到了。告訴大家，你打算做什麼，並且就去進行，然後多方弄清楚，爲什麼這個方法能奏效。然後，讓所有人看，讓他們懂。

## 用行銷創造出需求

你有製造廠，有配銷系統，有業務人力。然而，不管製造流程多麼有效率，配送系統多麼優秀，業務人員多麼善於殺價成交，如果沒有人想要買你的產品，這一切表現都無用。全世界效率最高的汽車廠，也得把車子賣出去才能賺錢。當年造成愛車人轟動的DeLorean 車種，現在市面上還看得到嗎？

一整隊最現代的飛機，配置了新式座椅，如果客人的屁股不坐上去，就賺不到錢。

一個國際級的連鎖餐廳系統，使用高效率的點菜制，雇用了訓練精良的經理人員，但一天下來，總要有人來用餐——就算只是吃漢堡或比薩——才賺得到錢。

行銷，爲產品提出定位，爲期待畫出範圍，而行銷所採取的方式，可以把期待塡滿，並超出它原本的輪廓線，而且使人感到開心，願意一次次回來溫習這種被滿足的感覺。你說，一星期裡要在報上看到幾次報導，說又一家公司因爲過度擴張而關閉若干分店或撤回在某些國家的業務。這怎麼回事？因爲他們採用一套「作夢法」，以爲只要建了廠，消費者就會上門；事實上，如果你不做行銷工作，消費者不會來。這些失敗的公司沒有告訴大家，爲什麼應該去找他們，而且沒有開口叫別人來花錢。他們沒有解釋，爲什麼自己的飲料、摩托車、服務或消費經驗不同於別人所提供的東西，比別人的好，比較特別。於是他們開了公司，卻沒人上門，只好關門大吉。如果曾經做行銷，下場不至於此。

一家公司如果沒有這種以結果爲導向的行銷，就吸引不了新顧客，而且很快的，連老顧客都會流失。老一輩的行銷人口口聲聲說，如果在消費者年輕時就吸引住他，你就得到了他的一生。這話聽了讓人心曠神怡，然而不眞。人的偏好不長久，在今日世界尤其如此；假如不能再造消費者的偏好，或不能讓人一次又一次來買你的產品，他們就會跑掉——你的產品也就會從市場上消失。

**你必須在他們年輕的時候就贏得他們的心，你更必須一直提出新的理由，說明爲什麼他們該來買你的產品。提出理由，一個接一個的理由。**

所以，運動鞋公司老是推出新鞋型，因爲他們知道，現在的年輕人時時刻刻被轟炸：「買我的產品，不要看他的。」沒錯，你必須在他們年輕的時候就贏得他們的心，你更必須一直提出新的理由，說明爲什麼他們該來買你的產品。提出理由，一個接一個的理由。

這個道理，可口可樂公司在七〇年代的一次教訓中學到了。那時候，可口可樂以爲自己已經廣受喜愛，所以大家會自動來買可口可樂；然而你猜怎麼著？大家的確喜愛可口可樂，但不來買它。許多自以爲「選票穩固」的公司都遭遇同樣情況。賣 All-Star 球鞋的康沃斯（Converse）曾經紅極一時，而今芳蹤安在？八〇年代無人不穿李維牛仔褲（Levi's），但現在這產品出了什麼事？是還活著啦，可你知道如今它的市場佔有率是多少嗎？

再看看耐吉（Nike），九〇年代初期在運動用品界獨領風騷，卻驟然失寵，無人問津。然而，有一個死過一次的品牌竟然復活，它叫愛迪達（Adidas）。爲什麼愛迪達能死而復生？愛迪達曾因無法再吸引消費者而跌得很慘，但愛迪達從中學到教訓（康沃斯就沒有開悟），知道一個產品必須時時對自己的預設使用者展現魅力，不但要提醒顧客「我在這裡」，更要吸引他們來買。爲了贏得顧客的心，產品必須重新塑造自己的特色（風格、定價、品質、使用經驗），必須與其他運動鞋品牌做出區隔。愛迪達就是這樣做。至於耐吉，我想，有菲爾．耐特（Phil Knight）坐鎭耐吉，這個品牌必然會再起，轟動運動鞋產業。可是，最開始的一個問題仍然存在：耐吉爲什麼會失掉冠軍寶座？我認爲，因爲耐吉變得自滿了。成功一瞬即逝；不管你是什麼人物，都不能把眼前成績視爲理所當然。

一旦你明白，有沒有做行銷直接關係到你能不能吸引消費者來購買，你就會曉得，行銷不是可有可無的事，卻是一個公司最重要的活動，是公司一切行事的重心。假如你沒有以行銷爲業務核心，公司就完蛋了，營業額與利潤都不會成長，市場佔有率也會下降。萬一你的競爭對手深諳行銷之道，便會爲你定位，把你趕出競爭版圖。

## 能製造出來，就賣得出去

行銷工作的最終目的，在於盡可能爲公司增加資產——這話的意思是說，把公司所生產的一切東西都推銷出去，一直到有一天，生產和銷售的工作不再能帶來預期中的獲利。這個道理我會在下一章繼續闡述，並說明爲什麼公司應該把行銷人員納入所有的決策過程，因爲你必須先知道自己能賣多少，再依此決定該生產多少，這樣才可能多賺錢。

不過，先到達第一個目的地再說，也就是先做到把公司所生產的一切東西都推銷出去。

大多數公司都有能力在一年的某段時期達到巔峰表現，卻放任這種能力在其他時期閒置不用。此中最出名者，不就是飲料公司？飲料業者大多認爲，賣飲料本就有淡季旺季之分。此迷思由來已久，但敝人不接受。善加運用自身已具備的生產力，乃是最有成本效益的生產方式，如果任之閒置，簡直沒道理。一個優秀的行銷工作者，要能做到不管公司生產什麼產品，全部都能推銷出去，不是只賣出百分之八十或三分之二。航空公司稱此爲「營收管理」(yield management)，意思是說想盡辦法把東西賣光，就算打折也在所不惜。

航空業者這做法倒是對的。就我所知，各行各業中，只有航空業讓提早購買的消費者享受到折扣優惠。航空業者不但賺回了固定成本，還得以追求利潤。

**把這個和季節有關的難題丟給你的對手。假如你能趁對手的行銷空檔繼續做行銷工作，保證這所謂的淡季是淡在你的對手身上，不是你。**

傳統的看法認為，不管冬夏，不管季節淡旺，市場佔有率都應該保持穩定。假如能在淡季維持業績，便感到慶幸，若在旺季擴大市場則大為興奮。然而，眞正能增加市場佔有率的時機，以及最容易從競爭者手中把顧客贏過來的時期，都是在淡季。除非你已經佔有百分之百的市場，否則你就應該在向來屬於淡季的時期多下工夫。這是因為，大多數公司固守傳統的思考，認為在淡季時銷售會下降，所以削減淡季的行銷預算。但我要說，淡季就淡季，又怎樣？

也許，整體而言，你的產品需求量確實在某個季節是比較低的，但如果你不是獨佔市場，那麼季節性的起伏程度，就不會像你所想像的那麼嚴重。就算顧客在某些月份比較少搭飛機，比較少買高爾夫球具或冷飲，這不表示他們少買了你的產品。把這個和季節有關的難題丟給你的對手。假如你能趁對手的行銷空檔繼續做行銷工作，保證這所謂的淡季是淡在你的對手身上，不是你。

有時候我會覺得，所謂的淡旺季之分或大小月之別，是行銷人編造出來的藉口，逢人就說，好為自己的缺點開脫。研究顯示，冬季的飲料消耗量並沒有比較少；也許戶外活動的次數少了，但喝汽水又不只是為了消暑。所以，擔任行銷工作的人，要找出還有哪些原因會讓人想喝汽水。我一年要參加五次美樂啤酒公司的業務會議，聽他們說，春季是雨季，於是啤酒銷售降低——那百威公司這幾年來的春季一定都沒有下雨，因爲百威把市場從這些個哭訴春雨綿綿的人手中給偷走了。

一些世界級的富翁都不相信自己業界那套沿襲多年的說法。你想想，威名超市（Wal-Mart）的華頓（Sam Walton）假如採納零售業奉行的做法，也就是只在大街設店，必須拉高利潤等等方式，那麼它就只會有那麼一家店面而已。

我非常相信，預言到頭來之所以會成眞，是因爲你從一開始就相信它會成眞。如果你認定自己會失敗，你一定會失敗。人先在心中形成觀念，然後觀念變成習慣性的反應。我想，你所任職的公司，八成有不少這類制式的觀念。建議你：擺脫觀念的迷障，而後去除盡淨；但必須用事實來破除錯誤觀念。（附帶說一件事。假如你決定要測試淡旺季之說是否屬實，請記住：已經分配給目前業務的行銷費用，不要挪做他途。如果你想見到新的銷售數字，請用另一筆錢。打算用十個月的經費，不可以攤成十二個月。）

## 如果你認爲只能賣出這麼多……

做行銷的人只要談到某一個銷售成績極佳的月份或年份，一定會接著解釋，爲什麼接在那個月之的月份或年份沒辦法維持同樣的好成績。他們說：「去年很不錯，成長了百分之十七。」然後花好幾個月時間，試圖解釋爲什麼這一年裡不可能再成長百分之十七；說什麼對手公司在罷工，今年春假放得晚，棒球季又開始了，嗚啦啦亂掰。這實在好笑。其實，你那年賣得好，也許只是因爲你碰巧冒出一個很棒的行銷企劃。事實上，任何原因都沒有造成任何影響。如果消費者在今年買了或用了某某數量的產品，爲什麼明年消費量要變少？假如你告訴了消費者，爲什麼他們應該來買這產品，說不定明年他們買更多呢。

**我們說，今年就賣這麼多吧，然後告訴製造商，就生產這麼多。最後，就眞的只會賣這麼多。**

其實，如果你設下低標準的目標，結果就只會到達那個低標準。如果我們相信自己那套說法沒錯，等於提早宣告失敗。我們說，今年就賣這麼多吧，然後告訴製造商，就生產這麼多。最後，就眞的只會賣這麼多。

假設你想開披薩店。你打算一天賣一百個披薩，於是你打電話給搭配餡料的盤商，購買夠一百個披薩用的配料；他們計算出要多少多少的義大利香腸、青椒、蘑菇等等，連同番茄醬、起司和麵餅一塊兒送來。然後你又租了烤箱，做了紙盒，等著生意上門。

可是，開幕第一天，只賣出七十片披薩。剩下三十片，怎麼辦？二選一：假如你想把所做出的東西全賣光，你就得想出一個能賣出一百個批薩的行銷點子，然後明天再改成訂購七十片的材料。或者，你可以決定要依照自己能賣出的量來製造產品，也就是說，你現在剩下三十片，你明天就訂四十片，因爲你只能賣出七十片；如果選擇這樣做，你已經提前宣告明天的銷量不會超過七十片。

然而，如果你選擇採取第一種方式，你就得絞盡腦汁，想清楚應該在一天裡的哪個時段做促銷，要不要提供外送服務，要不要把披薩切成小片分售等等問題。你得弄清楚爲什麼客人不來買，然後想想應該對他們說什麼或做些什麼，好吸引他們上門。這叫「擬定目的地」（destination planning），你懷有一個目標，一天要賣出一百個披薩，所以你所有的動作都是爲了達成這目標。如果你一直保持這種做法，最後你一定會想出辦法，知道如何在一天裡賣出兩百個，三百個，四百個。

至於第二種做法，其實比較輕鬆。第一天賣出七十個披薩，你繼續每天只賣七十個，這樣就滿足了（假設賣出七十個披薩就可以打平你的固定開支）。可是，照這樣下去，你只是勉強餬口，但將來很可能會被淘汰。

你在擬銷售計畫的時候，不應該依照你已經賣出多少或認爲你能賣出多少來考慮，而應該根據你**想要**或**必須**要賣出多少來擬定。訂出計畫之後，接下來的行銷工作，是要想出企劃和點子來達成預定目標；判斷一下，應該賣出多少才算成功，然後據此找出一個方法讓自己達成目標。不可以把目標降成一個比較可能達到的數字，因爲就算你達到了這個目標，也只不過是退而求其次罷了。

## 底線就是底線

如果你能免費贈送你的產品，便可以讓產品的銷售情況良好。放眼望去，多少公司把產品的價格壓得很低，低到好像根本沒有利潤？其實，他們賺錢賺得強強滾。他們的高標準比屋頂高，底線卻在地下室。「數量」只有在能帶來利潤，或者能造成持續成長並因而帶來利潤的時候，才有意義。下一章我會說明，如何在消費者心中爲產品塑造高價值，讓他們在產品漲價之後也願意購買。不過現在我先討論，如何把行銷經費投資在能賺錢的地方。

做行銷的時候，你永遠要注意「邊際貢獻」(marginal contribution)。這話的意思是說，不管你賣的是吃的喝的，汽車或機票，你都必須判斷：只要花費多少錢，就能做到讓銷售量持續增加。你絕對不可以爲了保持前一年的銷售量，卻年年比前一年多花錢。

你反而應該每一年都比前一年少花錢，而仍能維持原有銷量。因爲，假如你已經說服了消費者來買你的產品，你就不必再花錢來吸引他注意。爲了讓銷量成長，你得少花錢在已經被吸引過來的消費者身上，轉而把經費拿來做增加銷量的事。

你可能看過一種教人捕魚的電視節目，節目中，漁夫捕到一尾魚後，會再把魚放回去。行銷工作的目標，在於抓到魚，讓魚活著，但不把魚放回水中。假如想讓銷量成長，就必須改掉「抓了再放」式的行銷法，而要用「抓了來養」式行銷。不過，這不是說你就再也不必把老顧客當新客人招呼，不必再對著他們重新抛出魚線與誘餌——這些你仍然必須做，只不過你花在這上面的錢，不必像第一次把他們吸引過來時所花的那麼多。你仍然要給老顧客一個理由，說明爲什麼他們應該再來買你的產品，但這第二次的說明工作你應該要做得更有效率。

**你要把銷量細分，算出其中有多少是基本量，多少是來自當次行銷活動，又有多少是循環的量，再據此擬定企業策略與行銷動作。**

懂得了循環銷量（recurring volume）與遞增銷量（incremental volume）這兩者的不

同之後，你必須區分出在這兩方面各花了多少經費。這意思是說，你要能夠清楚說明，哪些錢是用來增加銷售量的，哪些又是用來保持銷售量的。唯有這樣做，你才會知道，在這些企劃案上花錢究竟值不值得；而這樣做的目的，是要讓那些已經用你產品的人願意多買一些，讓那些還沒有使用你產品的人肯放棄現用的品牌，改用你的產品。

假如你不知道產品的基本銷量（basic volume）應該要有多少，不能提出理由說明爲何消費者應該買你的產品，那麼你的銷量只是「租來的」。而你必須「持有」你的量。切記，吸收新用戶的代價很昂貴，因爲你要大費周章才能說服他們來用你的產品。留住現有顧客比較容易，因爲他們只需要你肯定他們選擇你的產品是正確的，只需要你一次又一次提出新的購買你產品的理由。所以，你要把銷量細分，算出其中有多少是基本量，多少是來自當次行銷活動，又有多少是循環的量，再據此擬定企業策略與行銷動作。

最懂得這一套的人，是航太工業與國防工業。他們採用的做法是「成本加利法」（cost-plus），也就是在製造成本之外再加若干百分比，這新加的部分就是有利潤的百分比。比方說，他們想賺百分之二十，他們就在製造成本上加百分之二十，依此定價，這樣就不會有成本被遺漏。如果不這樣做，便可能會有某些成本沒有被反映出來，因而沒有賺回這部分的成本。在航太與國防工業裡的每一項專案中，所花的每一分錢都不能遺漏。做行銷的你，也要向他們看齊。這是一種以活動爲基礎的成本計算法。

行銷預算裡的每一塊錢，都必須與銷量有關；增加經費後，必須用來進行眞正能增進銷量，而且帶來利潤的活動。

## 看著你的目的地

行銷人如果想達到計畫中的目標，就需要有一定的訓練，但爲什麼行銷人往往缺乏這方面的訓練？最主要是因爲，他們沒有把「定義結果」的工作做好。這就又回到我前面說的，行銷人太注重任務本身，卻輕忽了結果。將來，行銷人必須把我所說的「擬定目的地」做得更好，而老闆們必須要求手下的行銷人，針對分配給他們使用的經費和所付出的心力，提出清楚而客觀的結果。換句話說，想要成功，必須先能仔仔細細定義，什麼叫做成功；然後，想辦法達到那個你描繪出來的結果。

你到機場去，打算買機票，航空公司櫃台的人一定會問你，請問飛往哪裡。你不但能告訴他，你要去哪裡，而且你也知道自己爲什麼要去那個地方——除非你是被警察追得非要逃出城去，否則你一定知道目的地和前去的原因。那麼，行銷人每天面對自己的工作，處理的是動用了幾百萬元經費的企劃案，卻居然不清楚自己打算達成什麼樣的結果？行銷人說什麼要保持業界品牌的領導地位，要把現在位居龍頭寶座的公司拉下來，滿口大話，卻從沒聽他們說這麼做是爲了把業績拉高多少元，打算多賣若干若干。

有些公司就像跑到機場的逃犯，不知道在躲什麼，也不知道何去何從。他們只想解決眼前問題。他們想增加銷量，希望不要再賠錢，他們心中有大目標，甚至有夢。然而，他們的方法思考得不夠透徹，或是背負了不相干的使命。有一次我參加一場會議，從頭到尾聆聽與會者評估公司策略。有位經理提出一份企劃案，說這是他的計畫，但他有另一個更有野心的企圖。他那份計畫很仔細，但他的企圖才眞正有意義，可是他沒有擬出達成這項野心的計畫。沒有「我計畫」，只是「我希望」。

## 行銷經費不是你高興刪掉就可以刪掉的東西。

你可能會以爲，我前面所舉的買機票的比喻不盡恰當，因爲我怎麼知道是不是有很多人到了機場，會根據機票價格來決定怎麼買票。但我可是眞的曉得，很多公司是依照前一年的業績來訂定這一年應達多少銷售量，或根據行銷經費的多寡來決定，而不管公司想要或必須要在市場中達成多少量。這就好像告訴售票員，你這次想比上次多飛三百公里，或說你想買的是四千五百元的票。這樣做多可笑啊。

在訂定業績目標或選定行動目標時，應該從一個與市場定位相輔相成的決策來考慮，也可以依據資產報酬的程度，或公司的其他整體考量來決定，不應該是一味追求比前一年增加多少銷量，或依據下一年打算要花多少行銷經費來定。試想，假如依你公司的策略來看，需要增加百分之十五的市場佔有率，才能成功推出一項新產品或建一座新廠，你爲什麼要隨便出手，以爲只要成長百分之十就夠？這時候，你就該把目標定成必須成長百分之十五，然後想辦法達到這個目標。又試想，假如你花了一千兩百萬元，而可以做到一千六百萬元的成績，你爲什麼只花一千萬去得到一千三百萬的業績？你應該先決定要往何處走，然後依此擬出可以帶你到達那兒的目標、策略和計畫。

請記住一件很重要的事。所謂行銷，是把錢花在那些能夠增加產品（或品牌或服務）價值的活動上面，提出更多理由，讓消費者願意繼續買，願意多買常買。行銷，是一種投資。行銷經費不是你高興刪掉就可以刪掉的東西。想要追求市場成長，就必須做行銷。如果，你能從策略的角度來思考接下來的目標，你就可以到達你想去的地方。

# 2

# 別到機場搭火車

## 有了策略，才有品牌

策略的發生，和定位一樣——

這意思是說，假如你沒有一套策略，

你的對手會爲你想一個出來，

而他們所奉送給你的策略，

多半能把你擺在防守的位置，

逼得你抓住與你原定企業目標不相干的策略。

所以，你務必擬定自己的策略，

可不要等著對手送你一份好禮。

一九八二年，可口可樂公司租下了紐約市的無線電城音樂廳（Radio City），花錢請到紅極一時的羅克茲歌舞團（Rockettes），風風光光熱熱鬧鬧，向世人介紹新產品：健怡可樂。

健怡可樂這項產品本身，就是一次大膽的嘗試。一來，這是有史以來第一次，一家公司敢用「Coke」這詞來稱呼一項產品（在英文俚語裡，coke 指的是古柯鹼）。此外，健怡可樂的推出，除了在市場上引起興趣之外，它上市的手法也很嚇人。可口可樂公司打破所有陳規。

我們搞了什麼名堂？

根據行銷界的習慣，新產品通常先在一個小市場中推出，這樣一來，萬一產品不成功，也不會有人發現。可是，我們卻一下子就在全世界的頂尖大都會紐約市向全世界宣佈。我們爲什麼要這樣做？

在我們的策略中，打算把健怡可樂定位成一項搶手的產品。

爲了讓大家——媒體和消費者——認爲健怡可樂熱門，我們就必須先把健怡弄得很熱門。所以，與它有關的一切，都必須含有「熱門」的味道。選擇在無線電城音樂廳辦活動，邀請全世界來參加，都是爲了傳達「熱門」二字。

再舉今日的職業運動比賽爲例。紐約洋基棒球隊、芝加哥公牛籃球隊、丹佛野牛足球隊等職業隊伍，可不是僥倖成爲冠軍隊伍的；他們也不單單是靠著以高薪請來優秀的隊員而贏得比賽。運氣，有一點；隊員，很重要。然而，他們能得到冠軍，是因爲他們以非常嚴肅認眞而又專業的方式在經營事業。他們的教練與球員念茲在茲，滿腦子都是比賽的事。他們做沙盤推演，發展出各種致勝的策略，然後在球場上實驗，並且一次一次修正改進。

你也應該效法。

一支優秀的球隊，在賽前會研究比賽情勢和自己實力，並分析自己前一場比賽裡的高明和失策之處各何在。然後，擬出一套應賽策略。這應賽策略，是一套完整而細膩的計畫，包括整體的策略、(足球隊) 傳球路線、(棒球隊) 投手的配球法等等。有水準的球隊不會在比賽場上才看情況出招，他們都是在賽前訂出計畫，到賽場上執行。比賽後，聽取教練說明比賽策略在何處奏效何處失靈。

想贏，就照著做。你必須有紀律，有決心，還要有一本縝密的「比賽手冊」。

你必須發展出一套策略。

# 策略至上

策略至上。

假如說，行銷是商業世界裡的一門學問，旨在以有利的價格想辦法賣出最多的貨品或服務，它就不可能只是一大堆隨便兜在一塊兒的活動；行銷反而必須是一套有系統的計畫，藉以發展出有說服力的過程，能夠吸引大家來買你的產品。不過，不要誤解我這些話，我的意思可不是說，我們做行銷的人永遠不能犯錯。我自己可做了很多不成功的實驗，而且還是在衆目睽睽之下做呢。(我在下一章會說明，實驗做到什麼時候就該要修改策略。）我這裡的重點是要告訴你，你所擬出來的策略，必須是追求如何吸引顧客多多消費自己產品，最後目標在於增加獲利。

如果你的策略訂得夠仔細，執行策略時也夠犀利，你的行銷工作必定能讓更多消費者帶著你的產品到收銀台結帳。而如果你想在顧客心中建立起清晰的形象，你自己心中必須先有一個清晰的形象。

以演藝人員爲例。有一些演藝人員和他們的經紀人是頂尖的行銷工作者。你去聽一場演唱會，他們推銷T恤、帽子、節目表、CD等等你根本不需要的東西給你。他們知道，在這演唱會的三小時裡，你是他們的囊中物，因為你顯然是「親」這位藝術工作者的，你（在頁上了幾十元美金買入場券之後）也願意買這些周邊產品；於是，他們利用這機會，抓住你掏出錢來。這些傢伙眞是懂行銷之道。前陣子的《丹佛郵報》上有一篇關於鮑伯・狄倫（Bob Dylon）的文章，寫得很棒。文章內容無關乎狄倫的表演或音樂本身，卻是讚美他的行銷技巧。狄倫向所有年齡層的人推銷自己的舊作，他不說舊作是美好的老東西，而說它們是「優質音樂」。這招果然有效。

以另一端來說，超級市場就完全不是這麼回事。許多公司把產品交給超市人員堆疊上架。也許，這些公司一路走來實在太辛苦，好不容易有一個銷售點，於是，他們就等著，希望顧客來買。是的，他們希望，由於自己的產品以低價生產，以公司大老闆所喜歡的方式裝盒裝箱，而且弄上超市貨架了，所以東西就能賣出去。那麼，他們分不分析顧客特質，有沒有與顧客建立某種關係呢？沒有。

## 畫出航道

每一個策略都有一個目標，都會訂下某些指導原則，並且成為你思考問題時的架構。策略能讓你發揮創造力，讓你在朝目標前進的同時，也讓別人有機會展現他們的創造力。

簡而言之，經過構思策畫的策略，能讓你做起事來焦點清晰，乾脆俐落。

想要在今日市場中直搗黃龍，接觸到你的顧客，你的做法可以有無限多種——但這也就造成麻煩。你既不能忽視任何一種可能性，但你又不想試遍所有可能性，而你也不能這樣做，因爲太花錢了。況且，你這樣子嘗試，也許會使方法與方法之間的力量互相抵銷，使得你毫無進展。所以，爲了確保不錯失任何一個機會，你需要集思廣益，多聽取別人的想法，但這些想法又必須沿著一條同樣的道路，朝同一個目的地前進。怎麼做到？你得擬定策略。

策略，是一股重力，它抓著你，使你不至於四面八方亂跑亂飛。想要在競爭中領先，你必須敢於冒險，願意開發新概念，肯嘗試新技巧；然而，這些冒險與嘗試本來就是有風險的，特別當你的策略並不清晰時，風險最高。因此，所有行銷部門的人都必須清楚自己的策略是什麼；其實，公司其他部門的所有人也都應該知道這個策略是什麼。

這話聽來似乎不甚高明。你會說：「誰不知道策略很重要啊，否則公司設個策略研發部門幹嘛？主管們不是老在開策略會議嗎？我們也希望別人知道，我們是以一個決策者的立場在思考。」假如此話不假，爲什麼像奇異電子公司這樣大的企業要裁掉策略部門？因爲奇異公司知道，策略太重要了，不能交給總部的一群傢伙全權決定。不過，的確還是有不少公司仍然有專責擬定策略的人員，然而，我們可以大聲說，這些負責做決策的人員光說不練；他們完全不懂，發展出公司策略就和行銷工作一樣，是公司的一樁核心事務。行銷和策略研擬一樣，可不是什麼有最好沒有也沒關係的東西；它們有著決定性的力量。

## 到機場搭火車？有沒有搞錯？

策略必須被放在你所有行動的正中心。剛才談到了計畫目的地，設定目標或者是想前往何處；一旦有了目標，接下來你必須研判，哪一條路線能帶領你到達目的地，並且選擇一種運輸方式。

策略，是你的地圖；策略，關係到你如何追求你想要達成的目標。在這過程中，你的交通工具，指的是你有了策略之後所發展出來的戰術。比方說，當網景（Netscape）推出領航者（Navigator）搜尋引擎時，微軟就打定主意要把領航者「中和」掉。（我爲微軟做過一點顧問工作，但沒有參與那次和網景對打的事。所以，我只是從一位感興趣的旁觀者角度來觀察。）微軟最後擇定策略，打算讓領航者變成一種過時的東西，以此把網景逐出市場，而微軟的戰術便是推出他們的 Internet Explorer。

你必須先訂下策略。有了策略，才能決定該採用什麼戰術。假設你要從紐約搭火車前往華府，就不必叫計程車來載你去機場。假設你要推出一款以速度取勝的新型跑車，你就不要告訴人家這款車多省油，載一家六口出門坐起來多平穩。

**你所做的每一個動作，都必須是出於策略的需求，也必須把策略往前再推進一步。**

不過，有了策略，並不意味你的戰術就會自己從天上掉下來；你還是得沒日沒夜一試再試，想出戰術，來回修改。而策略是你在修改過程中的最高指導原則。

你所做的每一個動作——每一次宣傳、每一支廣告、每一個對顧客有意義的活動——也就是公司所做的一切事情，都必須是出於策略的需求，也必須把策略往前再推進一步。不管任何人，只要是他所做的事會對顧客造成影響——基本上也就是一個公司裡所有的人員——都要清楚知道自己公司的策略，才能讓所做的每一項決定和所採取的每一樁行動，都能更接近目標一點點。

關於一家公司或企業怎麼樣因爲擴大了產品的流通，或是推出一條新產品線，或拓寬產品線而成功，這類故事有幾千個。其中比較悲慘的是好景不常；他們沒辦法維持榮景，是因爲他們用了全副蠻力，卻無策略，他們沒有把自己產品所包含的訊息傳達給顧客知道，所以曇花一現，沒能繼續成長。

另外，你可能會盲目以爲銷量就是一切，假如這樣，你是在毀滅自己的品牌、產品或服務。箇中最出名的例子是航空業者，他們把客人拚命往機艙塞，一味追求飛機要坐滿，但這種做法不但激怒了核心顧客群，又討好不了新客人，沒辦法把他們養成忠實顧客。事情會變成這樣（現在是這樣，將來也不會變），原因之一是大家在計畫活動時毫無策略。

## 讓競爭變成不是競爭

既然我口口聲聲表示，對於行銷的成功與否和公司成敗而言，發展出策略是決定性的重點，所以我願意在此獻醜，提出幾項我個人的祕密武器。當然，每一家公司有自己的特點，不過，若排除細節不論，策略應有其相通之處。在我這些祕密武器中，我有一項最愛，是它讓我把晶瑩百事逼出江湖。

百事可樂推出晶瑩百事時，我們的因應之道，恰似微軟對待網景的方式：讓這個新出來的對手變成毫無用武之地。我們在當年自己推出健怡可樂的市場中，推出了透明太柏，不過這一回，我們的策略和上次完全相反，改走傳統路線，先在經過取樣的小型市場裡測試消費者口味，再逐步在全美各地推出。

既然說這是個刻意採用的策略，那麼，我們腦子裡到底在想什麼？我們是要告訴消費者，透明太柏只是一種平凡的飲料，而消費者不覺得它特別，是正常的反應。我們用這種讓消費者印象混亂的做法，把這個所謂的「透明可樂」產品類別給殺掉。這麼一來，消費者對這類產品沒有感覺，對手的晶瑩百事（以及我們的透明太柏）也就成為昨日黃花。

**在我看來，晶瑩百事正在苦苦等待別人為它重新定位。**

你也許會問，何必這樣大費周章。嗯，我們的確不認為這個透明可樂的市場在經濟規模上會有太大的意義，但它是個礙眼的東西，會使消費者分心。百事可樂公司把晶瑩百事放在七喜與雪碧的市場裡競爭，但我們經過分析後發現，晶瑩百事的產品特性中，帶有許多低卡飲料的特色。例如它的透明被比喻成輕盈，而且在包裝上支持這個特點，連廣告都帶著低卡飲料的調子。

在我看來，晶瑩百事正在苦苦等待別人為它重新定位。

既知這個產品類別註定短命，我們決定逕自把晶瑩百事打入這個低卡飲料的範圍裡，而這個範圍遲早會垮，因爲它就是含糖嘛，怎麼個低卡法？我們用一個含糖的飲料和不含糖的飲料對打，藉此讓消費者搞不清楚這個產品項的意義何在，並因而爲晶瑩百事定出一項它本來並不具備的特質。策略奏效。消費者不知道爲什麼要買透明可樂，是爲了它的口味——其實，透明太柏嘗起來根本不像晶瑩百事——還是爲了它的透明，或是爲了它的熱量。於是乎，不多久，晶瑩百事和透明太柏雙雙從市面上銷聲匿跡。

在我一九九八年宣布離開可口可樂之後，若干評論家審視我過去的事業，視透明太柏爲我的一次敗筆，或至少可說是令人失望的一次作爲。我知道，透明太柏的短命，導致評者有此評語；然而，就目的而言，它是一大成功。說眞的，能針對一項棘手問題提出這麼個既新奇又優雅的解決法，我頗爲自豪呢。有機會我還要用這個策略。

爲了要進一步說明，我們來看一看，假如可口可樂公司採取了別的策略，事情會如何演變。比方說，同樣打算廢掉對手的武功，你也可以硬碰硬。那麼，我們也推出一種可樂產品，然後大作廣告，在消費者心目中清楚建立起一種新產品，並且想辦法使它比晶瑩百事更有吸引力。

假如我們眞的這樣做，我敢說，我們的產品會領先晶瑩百事，因爲光憑可口可樂的招牌就提供了足夠的優勢。記得健怡可樂的例子吧？健怡可樂進入市場的時間比低卡百事（Diet Pepsi）產品晚了十五年，但從一進市場開始，銷售量就超過低卡百事。但是，以透明可樂的市場來說，市場範圍就只這麼丁點大，實在不值得大張旗鼓進攻。

## 殺掉一個產品類型

第三種可能的做法，就是完全不把競爭對手放在眼裡。可口可樂公司在很久以前用過這方法來對付思耐普（Snapple）。思耐普在進入市場時，把自己定位爲一種比其他添加了人工甘味的含糖碳酸飲料更健康的飲料。面對這個新產品，我們可口可樂公司也打算消弭競爭於無形，但這一次，我們的策略是不做反應，免得凸顯出競爭產品的優點。我們不希望，自己所採取的反應向消費者暗示，思耐普這個含果汁的非碳酸飲料，是和可樂屬於同一種類型的產品。於是，我們不做任何含有這種暗示的廣告。沒多久，思耐普加足馬力，吸引很多人購買，這時我們改變了策略。我們推出了另一種產品，果托邦（Fruitopia），目的，當然還是要把競爭者加給可口可樂的壓力給消掉，不過我們換了一個策略：我們要推出一種含果汁的非碳酸可口可樂產品，讓它瓜分思耐普的獲利空間。

只要你眼睛緊盯著預定目的地不離開，那麼你如果中途改變策略是沒關係的，想換手法也沒有問題。當策略無效，例如我們一開始打算不理會思耐普，但後來發現情況不對勁，這時就該換個策略。我的意思是說，你執行中的策略不可以搖擺。假如你走著走著策略轉了個彎，或是你走岔了，開始拋出一個一個與原先策略脫節的手法，這時你就可說是沒有策略，已經迷路了。假如原策略沒有發揮作用，你應該坐下來思考，想出一個新策略。

## 不可脫焦

假設你的策略看來好像有用，但在你執行的路上，仍會出現讓你分心的東西，可能會讓你走偏。在執行的途中，你會發現一些看似千載難逢的機會，或者你會想怎麼樣把進行中的事物再揉一揉捏一捏，看看能不能多賺一些；要不就是想辦法把手上東西多銷一些出去。但這樣做很危險。假如麥當勞想多賣出一些兒童餐，那麼，推出「買兒童餐加便宜價可得一隻絨毛娃娃」的做法，是符合原定策略的。可是，一陣子過後，麥當勞的人發現，絨毛娃娃的利潤高過兒童餐。

然後，

麥當勞開始賣絨毛娃娃。

這麼做也許可以多賺一些錢吧，但絲毫無助於贏得顧客支持，也沒辦法賣出更多漢堡。因爲，賣絨毛娃娃這回事，完全背離麥當勞的既定策略。這類的事情做個一兩回，結果不但你的策略死掉，你也永遠到不了目的地。最後，你的行銷變成毫無紀律，你連用來訓練人員的計畫都沒有。這時候的你，像個溺水的人，只能祈禱自己別淹死。

## 無事不可爲師

發展出策略，並且依循策略而行，可以把你和公司的人都保持在同一條航道上，讓你們的行銷工作更有效。不過，更重要的是要養成一種策略思考的習慣。

有些人常把「策略式思考法」這一類的字眼掛在嘴上，以此顯示自己是大人物，只管大事，不看小節。但當我說你要養成策略思考的習慣時，我可不是要你學這種人。我是要你思考每一件事物，觀察周遭，進入狀況。你要在看似不同的事物中看出它們的關連，然後，產生自己的觀察心得，以此心得爲基礎，決定自己該怎麼做，該採取什麼行動。

**每一個議題只要有一項策略就好，不要多，但是你要有很多議題。**

人類天生是以這種方式在思考，而且也不會改變，不信，去問任何一位心理學家或研究人類行爲的學生。我們活著的每一天，都會對周遭環境和事物運作的方式有一套看法。假如我們不把交通流動的方式牢記在心，我們根本無法開車或過街。(所以，我們到了英國會很辛苦，因爲我們原先記得的那套靠右走方式在英國不管用。）然而，光在潛意識層次如此思考是不夠的，你要在有意識的層次也保持這種思考方式，而且，要在你的行銷工作中如此思考。你必須對所有事情都有策略，然後遵循策略而行。與你的策略有關的所有事物，甚至與你的短期目標有關的事物，你都要有看法。

以政治人物爲例。假如某候選人想贏得選舉，他就必須針對不同族群分別擬定策略，以贏得各種弱勢團體、女性、年輕人、年長者，甚至敵對政黨選民的支持。他也需要一套面對各種議題的策略，諸如經濟、外交、教育、稅務、種族、墮胎和民衆關心的各式議題。對於行銷工作來說，你要判斷，你的產品適合採用哪一項議題，決定之後，你要訂出策略，一一針對議題來發揮。

只要你生出一個議題，就要有一個對應的策略。而且，萬事皆可爲議題，相信我。每一個議題只要有一項策略就好，不要多，但是你要有很多議題。議題愈多，對你愈有好處。

# 萬事皆傳達信息

策略的發生，和定位一樣——這是說，假如你沒有策略，你的對手會爲你想一個，而他們所奉送給你的策略，多半能把你擺在防守的位置，逼得你（自覺或不自覺）抓住與你原定企業目標不相干的策略。所以，在此建議你，務必擬定自己的策略，可不要等著對手送你一份好禮。

在我工作的這些個年頭，有人來找我做事時，我必定提出兩個問題。第一：你的策略是什麼？第二：打算賺錢嗎？

**策略，能讓你做起事來乾淨俐落。當你無所適從時，只要拿出策略，檢查你所做的每一件事，你就會豁然開朗。**

我實在不認爲，你在行銷事業中可以不堅守策略。而且不是只有高層次的人需要認識自己策略而已，基礎執行人員也應該——說不定更應該——了解並擁抱公司策略。策略，能讓你做起事來乾淨俐落。當你無所適從時，只要拿出策略，檢查你所做的每一件事，你就會豁然開朗。

策略，展現在你所做的大小事上。一家公司所採取的一切行動，諸如貨車車身漆什麼顏色與圖案，電話鈴響幾聲後有人接聽，員工告訴外人哪些事等等，任何一件小事都向外界傳達出與公司有關的信息。因此，公司上上下都要知道策略爲何，並眞正了解策略，才能在所有事上都傳達出符合公司策略的信息。

有了策略，才有品牌。而在今日市場中，品牌比產品還大。品牌，比你吃入口的喝入口的擠在牙刷上的東西都重要多多。品牌策略，是你所有信息的總和；到底是要經過深思熟慮而生出策略，還是要意外得到一個，隨便你。

# 3

# 並非藝術，完全科學

## 拋開一切面子問題

行銷和科學一樣，並不是在展開工作之初就知道答案；
行銷和科學一樣，是一門進行實驗、測量結果、分析數字的學問，
並且依據所得事實而修正假設。
我從經驗中學到，凡是依照科學方式所進行的行銷，
都可以帶來比較讓人滿意的結果，
都能比那種「直覺派」行銷吸引更多消費者。
可口可樂能夠在五年裡，讓銷售量從一百億箱增爲一百五十億箱，
原因無他，正在於我們採用了科學方式。

你已經知道爲什麼需要行銷——爲了賺錢；你也知道怎樣才能眞正賺到錢——藉著提出策略。然而你想問，行銷的「藝術」哪兒去了？喔，對哦，大家都說，行銷工作需要對顧客有感覺，對吧？而且，優秀的行銷人對於風格和戲劇感特別敏銳——這種話，我聽過幾百萬遍。可是，這類說法完全錯誤。

在行銷工作中的確有藝術成分存在，因爲假如你希望大家願意看你所拍的廣告片，並傾聽你所說的話，你就必須把片子拍好。但行銷工作本身不是藝術，而且也沒有神祕可言，嗯，有一點啦，大約和金融業一樣神祕吧。正因如此，你才需要策略。事實上，行銷不能說是藝術，它是科學。凡是想出人頭地的行銷人，都應該以有系統和有邏輯的方式來做行銷。

我和研究科學的人一樣，收集數字，分析數據，然後依照從數據中所得到的心得來調整動作。這時重點來了：你必須持續收集資訊，而且，你必須願意改變想法。如果你知道自己的目標是什麼，而且你願意對自己承認你從資料中眞正看到了些什麼，那麼你有時候就必須改變想法，說不定常常要改變。搭飛機時，你不希望機長在接到了大雷雨警告後還硬要飛往預定地。假如有一位候選人不打探選民的心聲，非要堅持己見，你會覺得他是白癡。可是不知道爲什麼，大家以爲，行銷人一旦選定了航道，那麼不論發生了什麼事，都得死守原先想法。我覺得這眞是其蠢無比。當你已經發現自己所做的事並無建樹時，爲什麼不向那些得了諾貝爾獎的人看齊，試試新方法呢？

假如你同意我所說的，行銷的最終目的在於使獲利增至最大，盡可能讓銷量成長，吸引愈多顧客愈好，讓消費者更常購買你的產品，而且你的定價可以提高——那麼，你就一定得照我說的，用科學精神做行銷。除此之外，別無他法。試想，假如有一個方法能爲你帶來百分之二十的獲利，你爲什麼還要用那個只給你百分之十獲利的方法呢？假如你已經得悉這項道理，那你根本不該再繼續死守著原方法。你一分鐘都不要逗留——當然，我這麼建議，是因爲我相信，你知道銷售爲什麼增加或爲什麼減少，而不是在銷量增加時歡天喜地，而銷量減少時搬出景氣不好、季節不對等等藉口，甚至歸咎於對手太狠。如果你知道是哪些原因造就了成功與失敗，你就贏了。

## 貼近你的數字

也許你會想，你沒有過度依賴數字，還不是一路走來，始終成功。聽你這樣說，我不訝異，因爲好的行銷方式畢竟是會奏效的。假如你的產品定位成功，對顧客發揮了吸引力，你的溝通方式良好，給了顧客理由讓他們來購買你的產品，他們就會來買。但那是過去。未來的行銷會變得比較有組織，能夠以數字來計算成本與結果。那，去年在坎城領的那個廣告獎，怎麼辦？嗯，這樣吧，把那個獎改成業務與獲利獎，你還是可以去領。皆大歡喜了吧？

當你懂得應該看重數據，開始變得條理分明，開始認眞計算你的成本多少，花了那些經費後你的獲利又多少，你就成爲一個優秀的行銷人了。

## 測量結果

我所指的數字，不是你想的那回事兒。所有做行銷的人都會說，有啊有啊他一直在測量：「去年我們做了一個促銷活動，買一件泳衣送一副太陽眼鏡，總共賣出四萬件泳衣。」我們做了什麼什麼，然後怎樣怎樣——可也就只有這樣而已，如果往下探究，問他，這項促銷有沒有進一步加深產品或服務的意義，或能不能確定，在這次活動後，顧客已經認爲你的產品比競爭對手優秀——通常都得不到回答。換句話說，你在前次活動所做的投資，如何經由被進一步加強了的顧客關係，繼續爲你帶來正面回報？

這就是數據。如果你緊盯底線，並且一心想著如何增加銷量和整體獲利，你就會知道答案。然後，你可以用這個答案來讓你的企劃案更細膩，嘗試找出最佳的活動組合。

**在推出企劃案或品牌之後，要有人對結果數字進行研究和分析，並且立即全體一同判斷，原定的假設到底是對是錯，如果有必要，就修改原先的假設。**

在其他商業領域裡，測試和修正是例行的工作程序。以財務人員的訓練來說，假設他的公司有人提案，打算買地或蓋大樓，財務人員和業務人員會先一同提出幾種假設，逐一針對各個假設進行冗長的討論；他們計算數字，擬出某種財務模型，再判斷這項提案是否可行。打算建新廠或採購大型機器時，會先提出假設，試擬一份一、兩年或三年的計畫。最後，大樓蓋起來了，設備買來了，也上線操作了，開始生產預定產品。這時，先密切觀察幾個月，並且測量結果。

如果，所測出的結果顯示，原先的假設是錯誤的，就再做一個變數分析（variance analysis）。這是要認眞分析原先以爲能成立的假設，然後根據新資訊或新結果來修正先前的假設。接著，擬定新的財務目標，根據這個新目標來擬定計畫。在財務世界裡，變數分析是絕對行得通的；不但行得通，還會慶幸自己有膽識，敢於改變決定，擬定新計畫。反正，目標在於投資，所以，如何達成目標才是最重要的事。

爲什麼，行銷界卻不這樣進行呢？

將來，行銷人也要能以同樣的科學方式做事——最好今天就這樣做。做行銷的人要提出假設，並且辯論這些假設能不能成立，一直到討論出一個共識，或至少共同達成了解，然後以這些假設爲基礎，擬定計畫。在推出企劃案或品牌之後，要有人對結果數字進行研究和分析，並且立即全體一同判斷，原定的假設到底是對是錯，如果有必要，就修改原先的假設。

## 改變心意

我瑟吉歐・柴曼，最會說「我改變心意了，現在我們來做點別的」這句話了。我知道，有些人一聽到我說行銷是一門合邏輯而且有系統的科學，就會搖頭。我在擔任行銷工作的年頭裡，有時會被罵，說我太常改變想法，前後不一致。我必須說，沒錯，一九八五年推出新可樂那件事，我是重要人物，幾天之後，說要重新推出經典可口可樂的人，也是我。在一九九〇年代早期，我提議推出OK汽水，打算藉此改變汽水市場的風貌（學者們如此描述），而公司主管和合作的廣告代理商也都相信做得到。我們花了很多錢在這件事上面，然後熱熱鬧鬧登場。七個月後，我們停掉OK汽水。爲什麼？

因爲我們改變心意了。

假如我們比較愛面子，而不管股東們的利益，也許我們就算已經知道這個計畫不再有威力，也會死撐著原先的計畫不放手。

旁觀者可能會認爲，如此一來，我豈不是前後不一致嗎？事實上，我一向胸有成竹，有一套策略。而且我一向知道何處是我的目的地：賣更多產品給更多顧客，讓常客的購買次數增加，把產品價格提高。我不管什麼一貫不一貫，眞正重要的是，去嘗試那些可能會有效的事，然後實驗，測量，修正。改變心意——那當然。新資訊，新技巧，同樣的策略。目標不變。

**如果你知道應該要改變心意了，表示你已經懂得用科學的精神來做行銷。而且，改變心意可不是逃避責任。**

有一次，可口可樂公司把加拿大分公司的廣告停止一年，把原有經費拿來做新包裝。會這樣做，是因爲我看了手邊數據之後發現，可口可樂原本的包裝方式對於品牌本身造成了傷害；在這種情況下，就算做廣告也不會有效果。我認爲，換一種曲線形瓶身，可以傳達出新訊息，這比做廣告更能與達到與競爭產品區隔的目的。於是我們推出了曲線瓶，然後測量這項新包裝的銷售結果，計算出包裝成本與廣告費用——做了這些之後我們知道，推出新包裝是比較划算的投資。不過，我們並沒有就這樣驟然停掉廣告，立刻推出曲線瓶；我們還是盯著銷售數字看。假如我們發現自己的假設並不能成立，你一定知道我們會怎麼做。

在本章的後段，我會講新可樂的事。很多人說，新可樂企劃案是一大敗筆——我要告訴你，它不是失敗。當然我承認，新可樂的表現完全不如我原先的預期，但最後我們畢竟達成原定目標了。這個案子的總目標，是要讓可口可樂與美國消費者的關係重拾活力。我們從自己的研究中發現，大衆喜歡新可樂的口味，於是我們就推出了新可樂。後來，消費者說：「喔，我們是喜歡新可樂的口味沒錯，不過我們忽然想到，不對，我們喝可口可樂不是爲了口味，而是因爲這個產品整體的感覺，它是老牌子，是個熟悉的產品，我們就是覺得它很舒服。」好吧，既然大家這樣愛戴老牌可樂，你就多多去買吧。消費者也的確回頭買老可樂了。就這個把消費者重新拉回可口可樂身邊的結果來說，新可樂是成功的。至於消費者是爲了什麼原因而回來，那就無關緊要了。我們的目的地沒有變，不過，我們根據新的資料很快又發現新事實：我們的原定計畫沒辦法把我們帶到那個預定地，非但如此，反而可能讓我們失去消費者——可能是幾百萬名的消費者。

如果你知道應該要改變心意了，表示你已經懂得用科學的精神來做行銷。而且，改變心意可不是逃避責任。因爲你看，科學家爲了找到最後答案，會一次又一次做實驗，測量實驗結果，並且修正假設；科學家在整個尋找答案的過程中是不斷在學習的。反觀行銷人，自己製造出「我是魔術師」的光環，多年來以爲自己必須是一出手就——咻，像變魔法似的立刻做對。行銷人以爲，自己只要一接手新案子，就能聽到天降神諭，然後毫不猶豫就採取最厲害的對策。哈，眞是童話！你以爲，一旦選定了路線，老天爺就禁止你改變心意？

錯啦。誰都難免會在搬石頭的時候砸到脚，可是，哪個神經正常的傢伙會一次又一次因爲同樣的方式而一遍一遍砸自己的脚？假如你不肯改變想法，你就錯失良機，沒辦法從教訓當中學習到新的功課。聽到這裡，你應該會祈禱你的對手都不肯改變想法吧。

**凡是依照科學方式所進行的行銷，都可以帶來比較讓人滿意的結果，都能比那種「直覺派」行銷吸引到更多消費者。**

告訴你眞相：行銷和科學一樣，並不是在展開工作之初就知道答案；行銷和科學一樣，是一門進行實驗、測量結果、分析數字，並且依據所得事實而修正假設的學問。我從經驗中學到，凡是依照科學方式所進行的行銷，都可以帶來比較讓人滿意的結果，都能比那種「直覺派」行銷吸引到更多消費者。可口可樂能夠在一九九三至九八這五年間把銷售量從一百億箱增加到一百五十億箱，原因無他，正在於我們採用了科學方式：我們先提出假設，然後實驗，然後探討，然後修正。老一輩的行銷人大可暢談所謂的點石成金術，但我呢，我還是要用有系統的方式挖礦，並且繼續仔細分析鑑定，想辦法找出藏量最豐富的礦脈。

不過你不要心存幻想，以爲這事兒輕易就能上手。在行銷工作上保持嚴謹的科學方式是一樁苦功，而且，會讓你的人緣其差無比——如果要你四周的人放棄傳統，他們可是會覺得不安的；不管舊方法到底有沒有效，人畢竟是習慣了舊的事物。有人甚至會覺得你在做人身攻擊，以爲你否定了他們這一向以來用老行銷方法所提出的貢獻。不過你千萬要記住：行銷這一門應用科學，不是爲了讓別人覺得受挫，只是要你確認，當你運球前進時，你心中要有計畫，然後努力執行計畫，繼續往前走。爲了成功，你必須願意在中途改變想法。

改變心意的結果：銷量增加，利潤成長。我敢打賭，你每一天都能享受到這個好處。當然，你公司的股東會樂呵呵。

## 解析成功的元素

把不對勁的情況拿來分析並試圖修正，固然重要，但更有意義的工作乃是要分析出已經做對了的事情，然後把這些正確的方式當成此後做事的基礎。儘管公司裡的財務人員很擅長收集資料與分析問題，但公司裡鮮少有人願意勤快一點，分析公司爲什麼會成功。我們以爲，成功是理所當然的。當我們測量了數字，發現進度超前——我們就想，啊，當初的假設眞是聰明，現在不必擔心要找理由來爲自己辯解了。

我在可口可樂公司工作和後來自己開顧問公司時，都非常喜歡到工作現場去問工作人員：「你的狀況爲什麼與原定計畫不符？」可是，在這種時候，經理總會冒出來，解釋說這個員工的進度沒有落後，反而超前百分之十五。我的反應通常都一樣：你就是與原計畫不符；原先假設你應該要成長X，你現在不但成長了X，還多出百分之十五，這怎麼回事？假如這個員工比預定進度少了百分之十，你一定會想盡辦法查出原因；但他超前了，所以你覺得，不必花力氣去了解爲什麼會成功。不行。我要你想盡辦法分析出成功的原因。

爲什麼要研究成功的原因？當然是爲了弄淸楚，究竟是哪些因素讓事情成功，這些因素又何以能讓事情成功，假如弄淸楚這些，你以後就可以讓成功重複出現。除此之外，我要你研究成功，還有別的理由：你不可以被自己的假設蒙蔽。你不能因爲做了某個促銷動作而動作奏效，就以爲自己的假設是正確的。比方說你現在要促銷一種大包裝的洗衣精，你認爲，對於家中人口多，洗衣精用量大的婦女來說，這項促銷應該有用。結果促銷果眞有效，銷售數字增加百分之十，於是你覺得，你抓到大家庭的消費群了。然而，假如你是聰明人，你想研究出是什麼原因讓這項促銷成功，你分析了購買大包裝洗衣精的消費者特性，結果發現，購買者不一定是你原先設想的大家庭，反而是那些討厭進超級市場，又希望能一勞永逸的單身男性跑來買你的大包裝洗衣精；這種大包裝正好迎合他們那種男子漢的自我形象，他們不介意拎著一瓶重量包的洗衣精，而且覺得，把大瓶裝的洗衣精擺在廚房或玄關裡不影響觀瞻。此外你發現，你所預設的購買族群並沒有被吸引；照理說，大家庭應該是洗衣精的主力消費群才對。

**如果你不仔細理解事情的正反兩面，你就無法從自己的成敗當中有所領悟。**

現在，你得到兩項重要資訊。第一，你懂得了如何吸引一個不在你設定中的單身男性族群。第二，你仍然要想辦法把大家庭消費者吸引過來。假如你在銷售數字上升後光知道高興而不深入研究，你就不會獲得這兩項資訊。所以，你務必了解市場現狀，收集市場資料並分析其中原因。你必須弄明白，爲什麼你認爲對於甲族群有吸引力的廣告或促銷方式，竟然對於乙族群有效。如果你不仔細理解事情的正反兩面，你就無法從自己的成敗當中有所領悟。

你不能說，下次吧，下次我一定進行分析。你必須及時獲得資訊，這樣分析才會有用。如果等到一年結束才發現過去一年裡都做錯了，這種分析可沒啥幫助。我們必須現在就知道自己做得好不好，這樣才有助於修整錯誤，並保持正確的部分。說眞的，你至少要做到「月月有行銷」，當然如果能「周周有行銷」那更棒。在我們可口可樂公司，我們以月爲單位在做行銷。這不是輕鬆的工作，不過一旦我們做到了，我們發現了哪些是正確的哪些不對，然後據此加強好的部分，及時停掉不對勁的地方，以求改進。

在古早的年代，行銷是以鐘點或一天爲單位在進行的。去請教一位在美國大小城鎮早期的大街上創業成功的生意人，你會發現，他非常淸楚自己的目標：他要賣出店裡的商品。店裡有多少貨品，他進貨的成本是多少，利潤有多少，以及他隔天應該再進哪些貨，他一淸二楚。就很多方面來看，我向你推銷的行銷方式，很像這種早期生意人的生意敏感。（別搞錯，我所說的早期可不是那個形象至上的時期。）

我當然曉得，除非你每天都有不同的促銷活動，否則就很難做到每日行銷。但讓我們思考兩件事：首先，你必須做到在盡可能短的時間內做事。假如你是一週做一次，你也許沒辦法得到最棒的資訊，但你還是能從中獲得有價值的心得。其次，回頭想想前述例子裡的舊時代生意人，他對於店中的貨物數量瞭如指掌，對於自己應該賣出多少才會賺錢也一清二楚。你知道，他絕對不管什麼形象不形象的。他當然在乎商品的品質，在乎他與顧客的關係，不過，眞正能讓他在深夜裡苦苦思索的，是什麼事？

如何賣出更多貨，賺更多錢。

## 往前看，往後看

還有一件事必須學聰明：如何執行「前置研究」(presearch) 的工作。我口中的前置研究，是一種以假設爲基礎的研究。這種研究，要你務必往前摸索（而不是向後回顧），以資判斷近期內會生什麼事。老式的研究方法，要你探討過去以求推測未來；回顧了過去，看到市場的趨勢與消費族群的分布，然後歸納分析，以爲歷史會重演，據此斷言明天必會如何如何。

我搞不懂，爲什麼會這樣以爲。

我猜，在某種程度上，這種想法和研究法還是有用的，畢竟，「不識前車之鑑者，必重蹈覆轍」。不過，現在的研究忽然變成不提供你眞正需要的資訊了。將來，你所需要的資訊，都要從消費者身上直接獲得。當然，你沒辦法精準預知未來的每一件事，但是，若能做做前置研究或審愼的測試，多少能幫你掌握未來。

我認爲，「專題小組討論」（focus group）很浪費時間。可口可樂公司花了幾百萬美元，卻只買到我們自己想要聽的話。爲什麼這樣？原因之一：像這種有關質的研究，很容易出現偏見。我記得我在爲美樂啤酒公司當顧問的時候，我們跑去加州首府沙加勉度（Sacramento），找人做美樂啤酒的消費群研究。去的時候，我們心中就有自己的假設；研究結果出來，我們覺得不對。於是我們找另一家研究公司，提出同一份問卷，但自稱是從百威啤酒公司來的。結果，主持研究的人把整個研究朝有利於「百威的人」來進行。只不過改口說是另一家公司，就得到截然不同的數字和另外一個消費族群的分析——我無意說這是故意製造出來的偏見，但不管是故意或不小心，我們的確獲得了偏頗的結果。

**競選活動其實是一場爲期很短的行銷活動，只不過風險高，而結局通常不變。**

我到現在都認爲，「專題小組討論」被用濫了。如果你一年可以花十億美元來作行銷，你就可以花個幾百萬，找人做做有關「質」的正確研究。不過，話儘管這麼說，對於消費群的認識倒是能用在一個地方；順便告訴你，它也可以應用在量方面的研究。

這項心得，來自於我從政治競選活動當中所得到的觀察。

競選活動其實是一場爲期很短的行銷活動，只不過風險高，而結局通常不變。整個活動進行六個月或九個月，然後在選舉日過後，活動結束；計算選票後，你所推銷的那個候選人不是當選就是落選。在這樣一個短而有限的過程裡，迅速收集數據並有效運用資訊是重頭戲。候選人每天出門拜票；隔天，競選總幹事就問，昨天情況怎麼樣？他會做民意調查，看支持度究竟上升或下降，然後研究選民資料，了解原因。優秀的競選總幹事並且會進一步做前置研究：這意思是說，他會問選民，假如我們明天對你這樣講，你覺得怎麼樣呢？你會不會投我的候選人一票？他每天這樣問，非要問出一個足以吸引選票的定位不可。做行銷的人哪，學學這一套吧。

## 誰在帶動對話

新可樂的例子，很可以說明有關研究與前置研究的效用與不足之處。我知道，很多讀者買下這本書，是想知道可口可樂公司幹嘛要改變配方，推出新可樂。我就在這裡一次說個清楚吧。

前面說過，由於新可口可樂進一步加強了可口可樂與美國消費者的感情，所以我並不後悔推出這項計畫。因爲我們達到了原定目標。

但我必須承認，我從這項計畫中學到幾項非常重要的教訓。第一，對於你所問的問題，消費者通常是有問必答，而且誠實以告——你沒有問出口的問題，他們不回答。所以，一如科學家要設計和安排他的實驗，你也要提出恰當的問題。

話說五〇年代，可樂市場的對話由百事可樂主導：這意思是說，由於百事可樂在行銷方面努力，而可口可樂什麼都不做，於是百事公司爲可口可樂塑造出一個形象。百事可樂開始銷售大瓶裝時，這動作暗指可口可樂太貴，買百事可樂才划算。這使得消費者發現，咦，對喔，選擇可樂品牌時，也應該考慮價格。接下來，百事可樂運用廣告，與可口可樂在其他方面也做出區隔。百事的廣告詞說：「日子隨你過，百事夠你喝。」(“You've got a lot to live and Pepsi's got a lot to give.”) 這告訴了買可樂的人，百事可樂和享受生活有關。所謂的「百事世代」傳達出年輕、刺激和活力的氣息。沒多久，百事可樂的形象就打動了年輕人，以及年紀不輕但心中常保青春的人。

而可口可樂沒有做什麼自我定位，只推出了一個平庸的案子：「可口可樂讓事情變好一些。」（"Things go better with Coke"）哈，可口可樂眞是幫別人的忙，讓百事公司把可口可樂定位成一種缺乏活力的無趣飲料，是給老人家喝的東西。

到了一九七五年，發生缺糖危機，百事與可口兩大可樂公司都提高了定價。待危機過去，百事公司以促銷的形式把定價調回原價，但可口可樂沒有。接下來，百事公司推出「百事挑戰」（Pepsi Challenge），廣告中的消費者在事先不知道所裝的是什麼品牌飲料的情況下品嘗，結果說百事可樂比較好喝。有這些狀況在前，又眼看市場的佔有率漸減，這些事實把可口可樂公司嚇得如夢初醒。

一九七九到八〇年，可口可樂大力反擊。一開始，我們逐一反駁百事公司針對可口可樂所做的動作和描述。我們找來天才老爹比爾·寇司比（Bill Cosby），在廣告中說可口可樂是「眞貨」（"the real thing"），這樣做，當然是在暗指百事百樂是次級品，也進一步強調，正因爲可口可樂是如同「純金本位」（"the gold standard"）一般的產品，所以百事可樂拼命要來沾可口可樂的光。此外，我們增加了在超級市場的活動；我們重新設計自動販賣機；我們把廣告詞改爲更響亮的話：「就是可口可樂。」（"Coke is it"）。我們拼命促銷，想辦法重振業績——可是媽的，百事公司還眞下了苦功。儘管我們絞盡腦汁，整個情況仍然被他們主導。

我們從研究中一次一次發現，最大的障礙出在口味。我們自己也做口味測試，發現百事公司並沒有說謊；消費者在不知情的情況下飲用兩者，都說比較喜歡百事可樂。基本原因是百事可樂比較甜，而消費者初嘗時都是淺淺啜一小口，比較容易覺得有甜味的東西好喝。

可口可樂屹立市場九十年，從來沒有改過配方，最多只是把糖改成人工代糖，或是爲了壓低成本而做過一些小調整。我們的目標一向不變：在不改口味的前提下因應環境。

## 問題要問得對

其實，我們被百事公司騙了，陷入他們所設的思考裡，以爲口味是最重要的問題；以爲如果想提高銷售量，就得考慮改變配方。我們以爲，至此已然無計可施。我們以爲，消費者是因爲口味的關係才不買可口可樂。現在回顧，我認爲那時候可口可樂公司假如換一家廣告代理商，然後向消費者疲勞轟炸，提出一個又一個應該購買可口可樂的理由（後來的確這樣做了），情況應會改觀。

但公司那時候不但沒有這樣做，反而邀請消費者回答各種開放式的問題，例如：「爲什麼你現在比較少喝可口可樂？」消費者一臉詫異，回答說：「該喝的時候我還是喝啊。渴的時候，天氣熱的時候，吃漢堡的時候我都喝啊。」我們接下來又問：「那，會有什麼情況會讓你想多喝一些？」

消費者答稱：「沒有。」

當我們問起消費者對於可口可樂有什麼觀感，他們說的多半是好話：「可口可樂是我生活中的一部分。可口可樂了解我的感覺。長久以來它一直在我生活裡面。」

市場佔有率繼續衰退，消費者被百事可樂搶走。

我們在研究中所提出的問題，並沒有多大幫助。於是我們改進行前置研究。我們不再詢問開放式的問題，而是提出幾種選項讓消費者選擇。我們給出幾種調整配方的可口可樂，讓消費者分別拿來與百事可樂和經典可口可樂做比較。然後我們問：「假如現在有一種產品，它比百事可樂好喝，但仍然是可口可樂，你會怎麼做？」

他們說：「我會買來喝。」

「你會喜歡它嗎？」

「那當然。」問題是，就算我們問到了該問的問題，卻沒有問出那個眞正該問的問題。事實上，我們該問的只有一件事：「如果我們收回可口可樂，推出一種新可樂，你能接受嗎？」

## 有了決定，才好修改

幸好新可樂沒有一敗塗地，反倒成爲可口可樂的一次大成功，因爲它重新燃起美國民衆與經典可口可樂之間的感情。不過，說它沒有一敗塗地，主要是因爲我們願意從這次的經驗中吸收教訓，並且改變想法。

你可能在想，雖然說大衆對於新可樂的反應熱烈，卻只有笨蛋才沒有發現箇中意涵。我們很可以堅守原先想法，一直悶著頭做，做，做，非要力挽狂瀾，證明自己是對的不可。不過，我們既然自比爲科學家，也以開放的態度看待數據，所以我們選擇要修正策略。假如我們一直依照老規矩做事，一定沒膽子改變心意。

當然也就沒辦法反應迅速，說修正就修正。假如我們照以前的方法做事，一定會一心一意想證明自己是對的，我們一定沒辦法承認，問題（也可以說它是機會）已經有如燙手山芋。

「只有在美國，才會把一個飲料重出江湖的新聞當成頭條。」

我們能做到，是因爲我們已經培養出一套科學的方法和精神，使得我們在看數據時能夠不帶感情，然後繼續做下一個實驗。這所謂的下一個實驗，就是在推出新可樂七十七天之後，重新推出經典可口可樂。像這樣能夠站起來，並且說出「那是一樁錯誤，我要改正它」，可強過「我一開始就是對的，現在我要找個理由證明我是對的」。

想想我們得到多少免費的好廣告。在當時最紅的日間連續劇播出的時段裡，美國廣播公司（ABC）的當家晚間新聞主播簡寧思（Peter Jennings），插入一段快報，告訴全美觀衆：謠傳可口可樂公司將要重新推出可口可樂。三家無線電視台的晚間新聞都以頭條方式播出這則消息。簡寧思在報導中說：「只有在美國，才會把一個飲料重出江湖的新聞當成頭條。」

然而，這次事件之後沒多久，一九八七年，我離開了可口可樂公司。是的，我離開了。公司裡和公司外很多人猜測，我是被炒魷魚的，是爲了扛起新可樂的責任而被犧牲了。嗯，新可樂的事我當然責無旁貸，不過，我的離開與它無關。

我會離開，是因爲在一九八七年那時候，公司裡很多人想拋開新可樂這回事，回到原先做事的模式。這一陣折騰下來，他們累了，只想回到一向「安逸」的軌道上。但我不是這種人。新可樂帶來很多教訓和動力，在推出它之前，我們用老方法做事，但佔有率節節下降，我絕對不要回到那種時代。所以，當我發現我在公司裡已經沒辦法推動新事物，環境不允許我帶領大家向前——這時，我決定離開。一直到一九九三年，領導可口可樂公司的葛瑞巴和伊維思特準備重整旗鼓，我才又回到公司。

## 傾聽的價值

這一次我們既然要重新推出經典可口可樂，就不能再犯新可樂的錯，在前置研究中抓錯方向。當然，我們明白，大衆希望再見到他們熟悉的老牌可樂，可是，我們還不很清楚如何安撫他們的怒氣，如何叫他們多買一些。我們必須想辦法一方面定位，一方面又清楚傳遞訊息。於是，我們再次做研究。一開始就問：「我們該說什麼，你才會高興？」

結果他們說，不知道。這一點都不讓人意外。

整體來說，我們得到的答案充滿抱怨。於是我們開始測試幾個我們心中的假設，明確得知下一步該怎麼做。我們問：「假如我告訴你這個，你會改變看法嗎？」「假如那樣說呢？」不管我們提出什麼，都無法挽救新可樂，因爲大衆與媒體已經有定見了。不過，經典可口可樂猶可一試。

最後，我們準備了好些個電視廣告，先拿給取樣消費者看，然後我們聽他們的話，挑了其中幾支廣告來用。這幾支廣告說：「我們沒那麼聰明，但也沒那麼笨。我們又推出老可樂，是因爲你要它。」很棒的廣告，把消費者當主人。用這樣直率的廣告定位自己，重新推出可口可樂，我們也就承認了消費者在市場裡的力量，而且，公開向他們的需求表示臣服。

## 別忘了問：爲什麼？

前面談了很多收集資料、分析資料等等科學的事，因爲我覺得行銷人不夠尊重結果。行銷人應該要重新學著注重具體的、可測量的事實，要關心付出與回收的關係。如果不注重這些，他們就死定了。不過，我不希望這讓大家以爲，只要懂得追蹤數據，或是懂得在做前置研究的時候問出二選一的問題或「假如這樣，你會怎樣」的問題，就很優秀。如果希望所追蹤的數字或問出的開放式問題發揮最大效果，它就必須是經過設計的問題，能夠問出「爲什麼」。

「爲什麼」。這個問題之所以重要，是因爲假如你懂得了爲什麼，你就不只是「理解」事情而已，你會從**看見**了所發生的事，進展成**了解**事件與事件的關係，或趨勢與趨勢之間的關係。換句話說，從知道某事存在，變成能夠從中擷取資訊並應用在其他情況。比方說，在一場選舉後，在野黨成爲執政黨，你發現人民比以前快樂而且有自信，因爲他們花錢的態度比較豪爽了。對於行銷人來說，這當然是好消息；但你要進一步弄清楚，爲什麼他們比較願意花錢。這個眞正的原因極爲重要，不但關係到你眼前的行銷策略，也會影響你日後的運用。你研究後假如發現，民衆是因爲那差勁透頂的政府終於下台了而感到高興，現在願意開懷花錢，那麼，你就從這當中學到：你的行銷策略應該要試著和「從差勁中解脫」有關。然而，假如你的研究結果發現，民衆是眞心喜歡新政府和新政策，那麼你的策略就要和新政策本身扯上關係，不必再強調這是一個改變。

行銷就像科學，了解原因是重大的一步。因爲一旦了解了爲什麼，接下來你想找出做法，想製造出你要的結果，就簡單多了。

## 不必每一回合都贏

你不會每一次射飛鏢都射中紅心。你也不會每一次都百分之百正確——就算你每一次出手都付出了完美的思考與充分的時間，我想你也不至於願意永遠這樣子做事。假如你只願意在能得到一百分的時候才出手，請你想一想，有多少次你如果出手其實可以得八十分？

日後，我們必須接受事實，知道環境會改變，沒有所謂的「完美」計畫。知道了這一點，就該一邊前進一邊學習，並且一邊修改。我們還需要向政治候選人、財務主管或飛機駕駛的態度看齊，這些人都懂得：以手上的資訊爲基礎，做出最佳假設，然後願意爲了最終目標而改變假設並調整行動。

**每一回合的戰鬥或行銷，都該當成一次獨立的事件，一椿一椿連接起來，一點一點把你帶向終點。想辦法加快你到達目的地的時間，多贏幾局，身體少受一些傷害。**

換一個比喻來說，行銷好比打一場重量級的拳賽。這是一種持久戰，贏一回合不表示最後會贏得比賽，你也許在這一回合與對手貼身纏鬥整整三分鐘，然後在一分鐘的休息時間裡，你思考策略，用水沖沖臉，再上場鬥一局。即使你一回合接一回合都贏，並不能保證你在最後一回合不會被擊倒。每一回合的戰鬥，每一回合的行銷，都該當成一次獨立的事件，一椿一椿連接起來，一點一點把你帶向終點。你很可能會輸掉幾回合，贏個幾回合，又有幾回合打成平手；你要在回合與回合之間的一分鐘休息時間裡思考，休息，並且調整下一回合的行動。想辦法加快你到達終點的時間，多贏幾局，身體少受一些傷害。

測試，修正。再測試，再修正。你難免會輸幾回合，但你最後可以贏得整場比賽。

# 第二部

# How and When

行銷到底應該怎麼做？
本書第二部要用實務與經驗來說明行銷工作的重點，
例如怎樣爲產品品牌營造形象和建立定位，
如何在不利於銷售的時期仍能看見恰當的行銷機會，
如何從社會脈動與局勢中嗅出群衆心理，
如何向政治人物學習行銷手法，
又如何推翻既有成果，不斷創新。
這些都不是新鮮的主題，
然而，能夠用老概念使出新招數，
這才叫高手，不是嗎？

# 4

# 打造一張身份證

## 名稱・期待・區別

你到餐廳裡向服務生點可口可樂時，

應該不是說：「請給我 cola。」而是說：「請給我 Coke。」

這時，你就做出了一種區分。

假如服務生回答：「對不起，我們沒有 Coke，給你 Pepsi 好嗎？」

這就把事情講得更清楚啦：服務生必須再一次確認，

你要的是「正品」可口可樂，

但他沒有，所以他問你願不願接受別的。

名稱，期待，區別。這就是建立品牌。

在第一部的幾章裡，你已經懂得了幾件事：行銷的唯一目的在於讓更多人來買產品；你必須用科學方法來達成目的；你還知道，你必須嚴格訓練自己，並且發展出一套縝密的策略。這些忠告，對於業界所有人都有效。

現在我們要進入細節，談一談行銷的核心環節，諸如建立品牌、產品定位、建立品牌與產品的形象等等。（很多人在這方面的思考都不夠仔細。）我們還要談一談，在今日與未來的超級競爭市場中，你如何脫穎而出。

## 塑造品牌的個性

你說你知道什麼叫做建立品牌。你開玩笑，說所謂「建立品牌」（branding）就是它字面上原來的意思，把商標烙印上去嘛。嘿，老兄，我們是牛仔，而不是牧場上的牛。（譯註：原字「branding」，可理解爲動詞「brand」的現在分詞「branding」，而「brand」在當動詞時，意思是在動物或人身上打出烙印。）

牛仔們把燒得火熱的鐵塊往牛羊牲畜身上烙，烙出專屬印記，也許是一個叉叉，或一個圈圈。這樣做幹嘛？爲了與別家的牲畜區別。時間久了，這類印記不但方便牲畜的主人辨識，對於買主也有用，買主看到烙印了叉叉或圈圈的牲畜，就知道這些牲畜養得比較好，比較肥美，但烙了兩條槓槓的牲畜就瘦巴巴的。

可口可樂是正品，是眞貨。百事可樂是叛軍。漢堡王只煎不炸。麥當勞有個大大的金色M字。

還有一個方式可以了解品牌的意義。想想你自己和你的名字。我叫做瑟吉歐‧柴曼，這名字會勾起你對我的印象。以主持《今夜》節目的卡森（Johnny Carson）爲例，這名字本身是一個品牌，品牌特質包括：節目開始時的一段獨白、卡森站立的樣子、卡森講完獨白後揮高爾夫球桿的姿勢、卡森與副手麥馬宏（Ed McMahon）的閒扯，再加上一組樂團。你一看到卡森的臉或聽到他的名字，腦海中就會浮出一整組你多年來所累積的對此人的認識和看法，你期待從他慣有的稍微尖酸但無傷大雅的嘲諷話語中得到娛樂。

**與消費者建立關係，然後想辦法讓這些已經認識你的人多多購買你的產品，會比你每天都必須尋找新顧客來得更有效率。**

製造品牌印象的目的，是爲了讓消費者一看到產品就認出一些他想要的品質和特色。例如，可口可樂是清涼好喝的，但除此之外，從可口可樂這個品牌與喝可口可樂的消費者所建立起來的關係當中，還發展出許多特質：可口可樂的傳承和氣氛，含有十足的美國風味。可口可樂讓我們憶起孩提歲月，想起父母所描述的可口可樂。對於喝可口可樂的人，我們有某些想法；喝口可口樂，伴隨著某些回憶。健怡可樂是可口可樂的低糖版本，但它又不只是這樣而已，健怡可樂反映出我這個喝健怡的人心中的感受，我希望得到什麼感受，反映出我的外貌，以及我希望自己看起來是什麼模樣。

假設你是個街頭蔬果販，你不妨試試，每天到一個新的街角停放賣菜車，向不同的人群兜售，看看結果如何。這麼做，你固然能比原先固定在一個位置做生意時接觸到更多的人，可是，你很快就會發現，這方式挺不經濟的，因爲過往路人從來沒見過你，所以你每天都要想辦法吸引路人注意，想辦法打動他們來買你的東西。而就算路人試了之後對你有好感，這好感也沒辦法累積，因爲你隔天又換地點了。你這是在做水平行銷，因爲你一直在進入新市場；你不是在做累積行銷，把產品賣給常客。水平行銷的開支一定很高。

累積式行銷的開支，比水平行銷的開支低很多，而且賣出的東西比較多。採用累積式行銷，當然還是得花錢花工夫來讓消費者對你的產品感覺新鮮，一次又一次讓消費者想起他們爲什麼要買你的產品，並且一次又一次給他們理由來買。如果你希望消費者天天買你的產品，你就必須天天行銷；如果你希望消費者多買一些，你就必須多提供一些購買的理由。與消費者建立關係，然後想辦法讓這些已經認識你的人多多購買你的產品，會比你每天都必須尋找新顧客來得更有效率。

## 超大品牌老矣

在行銷這一行裡，充斥著各式品牌和商標的名稱，這些名詞既然是文字，照說意思應該是清晰明白的。可是假如你叫你同事定義這些個名詞，不要再講得模模糊糊，你看他們是不是掰出一大堆模稜兩可或互相矛盾的話。

最大的混淆，可能是出在品牌與商標之間的區別，因爲這兩者所指的東西常常是同一個。例如，「可口可樂」（Coca-Cola）是一家全球最大的非酒精飲料公司的名稱與商標，但「可口可樂」也是「可口可樂公司」旗下的主力產品，而可口可樂公司旗下還有健怡可樂、櫻桃可樂、雪碧等產品。由於經常會有這類品牌等於商標的情形，因此很多公司會被「超大品牌」（megabrand）這種概念吸引。但我覺得，建立「超大品牌」（megabrand）是一種很笨的做法。

怎麼說？你要知道，建立品牌的目的沒有別的，就是爲了讓你的產品顯得突出，讓消費者覺得你的產品不一樣，覺得它比別的產品好，比較特別。行銷人幹嘛要砸銀子去區分立普頓和雀巢，或是固特異輪胎和米其林輪胎？還不就是要建立一個獨特的推銷點。

所以我說，超大品牌的概念是個笨點子。

**一個超大品牌會把個別品牌的個性完全抹卻，而且等於告訴大家：「我們的產品基本上是一樣的，你隨便挑一種買吧。」**

超大品牌這個概念，從它的前提開始就是錯誤的，以爲可以把幾個不同的產品當作同一個品牌來賣。曾經有某家挺大的設計公司跑來找我們，問我們要不要把可口可樂、健怡可樂、櫻桃可樂、無咖啡因低卡可樂和公司其他產品放在一起行銷。嘿，超級品牌耶，厲害喔。天知道，這樣一來，不就把每一項產品原本獨特的特性抹得一乾二淨？把我們辛辛苦苦建立起來的各個品牌嘩拉嘩拉堆在一塊兒，告訴消費者說，這些產品通通一樣啦，下次你想喝可口可樂的時候，隨便你挑其中一個吧。

對於消費者來說，這有什麼意義？

你怎麼樣讓消費者願意捨棄別的產品而來買你的產品？你向他們解釋，你的產品和別的產品不一樣，你的比較好，比較特別。當然，可口可樂這個商標已經形成一種形象和特質：想買可口可樂公司的產品要多花一點點錢，因爲你對於我們產品的味道和品質比較熟悉，而你比較不認識別的看起來差不多的產品。然而，健怡可樂不是經典可口可樂，而經典可口可樂也不是櫻桃可樂。不一樣的人買不一樣的產品，購買的理由不同，購買的時間也不同；吸引健怡消費者的原因，不見得能吸引喝經典可口可樂或櫻桃可樂的人。你說你要把這些東西全部用同一種方式行銷，眞是笑死人了。

超大品牌會把個別品牌的個性完全抹卻，而且等於告訴大家：「我們的產品基本上是一樣的，你隨便挑一種買吧。」

**我們希望消費者是在有自覺的情況下做出選擇，清楚知道自己爲什麼不買可口可樂。**

至於商標，它的意義其實就是超大品牌所企圖達成的效果，有助於解除消費者的緊張，讓他們願意聽你說些別的話。「我信任可口可樂公司，信任豐田汽車和康柏電腦。所以我對這些公司的產品品質有一定的把握，但我要根據別的原因來決定要不要買它。」身爲行銷人的你，就必須弄清楚，消費者口中的「別的原因」是什麼。你必須做到讓產品在消費者心中的印象清楚無比，讓消費者覺得，這就是他們喜歡的東西，而且願意一次又一次購買。

想做到讓消費者多次購買，你就必須使用「相對的」語言，才能在爭相提出好處的衆家品牌中間顯得與衆不同。而想要顯得與衆不同，你又必須思考，消費者眼前還有哪些選擇。購買家樂氏麥麩的人，和購買家樂氏糖霜玉米片的人，在購買時所持的理由是不一樣的。每一個品牌是因爲不一樣的原因而吸引到不同的購買群；消費者也在不同時間爲不同目的而購買它們。所以，大小通吃的行銷方式，無法刺激所有人都來買你產品。一種尺寸，或一個品牌，不管它多大或多麼面面俱到，都做不到老少咸宜男女通用。

務必區分出產品的不同點；產品一旦雷同，就毫無價值可言。

既然建立品牌是爲了要創造出強烈的個性，因此有時候你要知道，你所創造出來的個性沒辦法吸引某些人，或者是有吸引力但享受不到。比方說，很多人覺得法拉利跑車是很棒的車種，但沒有多少人買得起法拉利。我們可口可樂公司常說，產品要做到與衆不同、比較好，而且特別。假如消費者選擇別的品牌，我們希望那些消費者知道，可口可樂的確不同，是比較好的，是特別的；我們希望消費者是在有自覺的情況下做出選擇，清楚知道自己爲什麼不買可口可樂。

回想一下，你或你身邊的人，最近一次在餐廳裡向服務生要可口可樂的情形。你們應該不是說：「請給我 cola。」而是說：「請給我 Coke。」這時，你就做出了一種區分。假如服務生回答：「對不起，我們沒有 Coke，給你 Pepsi 好嗎？」這就把事情講得更清楚啦：對於服務生來說，他必須再一次確認，你要的是「正品」可口可樂，但他沒有，所以他問你願不願接受別的。

名稱，期待，區別。這就是建立品牌。

## 品牌不是靜態的

建立品牌有其微妙之處。你希望把產品賣給很多人，但這產品又要保有一個獨特的主張。你希望有愈來愈多人相信，你的品牌和它的主張是有魅力的，而且與衆不同，所以你既要拓寬產品的吸引力，又不希望產品失去個性。

假如你推出了一個品牌，卻任憑它自生自滅，這眞是糟糕透頂。這樣搞，保證你賣不出東西——原因很簡單，如果你不持續提出新理由給消費者，讓他們一直能有新的角度來看待你的品牌，你就會失去消費者。看看人家「臂與錘」牌（Arm & Hammer）蘇打粉是怎麼做的。蘇打粉就是蘇打粉，有什麼好說的？可是這家公司改變了品牌的意義，改變了產品的競爭範疇。大家以爲蘇打粉的用途就是烤餅乾，但「臂與錘」告訴消費者，蘇打粉可以放在冰箱當除臭劑，可以清潔牙齒，可以清洗浴缸，甚至抑制胃酸。他們眞厲害，竟讓我們相信應該要把蘇打粉倒入廚房水槽，讓水槽保持乾淨；快快去買，倒出來用。眞高明的概念。他們一次又一次重新定義產品，不斷提供新的好處給消費者，做得很成功。

除了可以保住消費者之外，重新定義產品還有別的用意。當你想出一個產品特性，尤其是一個有效用的特性之後，其他牌子總會群起效法。你說你的產品含有某種特殊成分，能讓頭髮光滑柔順；其他牌子紛紛加進這種成分，然後嚷嚷：「我也有我也有。我也可以讓你光滑柔順。」我喜歡說，現狀就像是山丘，一旦你把產品放在丘頂，你只要一放手它就會往下滑。你必須一直做一些什麼事來把它往丘頂推，並且一次又一次重新建立它的獨特價值。

**地中海俱樂部在它那一行裡曾經是所向無敵的，但是它後來忘了，自己應該保持那種與衆不同的特色。**

我在當顧問的時候，「地中海俱樂部」（Club Med）曾經是我的客戶。這地中海俱樂部的概念眞是厲害，它是一帖現代文明生活的解藥。它主張你可以逃離生活，它讓你在一個看似隨興其實經過安排的環境裡做你夢想的事，好比水肺潛水、浮潛、揚風帆、跳森巴舞等等。不見得奢侈，但保證好玩。你身上不必帶錢（食物免費，飲料只要用代幣就可兌換），而且你身旁都是陌生人，也不必遵守任何規矩。

地中海俱樂部經營得非常成功，所以冒出各種競爭者，對消費者說：「哈囉，我們可以提供和地中海俱樂部一樣的東西，不過我們比較便宜哦。」在這關鍵時刻，地中海俱樂部的人睡著了——他們沒有繼續進步。他們的成功來自於一家又一家的渡假村陸續開張；他們渡假村裡有一套很棒的管理系統，努力讓客人開心，並提供好飯好菜，確保所有服務人員的雇用與訓練都正確無誤。但在我看來，他們有一個瑕疵：他們整個公司也是以公司所標榜的隨興精神在經營，也就是說，整個公司像一個渡假村，不像公司。使地中海俱樂部成功的因素，在於它的不拘形式和愛玩的精神，但這種特色不會讓公司維持盈餘。

地中海俱樂部在它那一行裡曾經是所向無敵的，但是它後來忘了，自己應該保持那種與衆不同的特色。它讓競爭者趁虛而入，讓大家變成一樣，最後，地中海俱樂部竟然在自己一手創立起來的遊戲當中敗陣。

學到什麼教訓了嗎？你應該要學到，務必時時挑戰自己的概念——就算你對於自己眼前表現深感自豪，就算你原先的概念確實新鮮原創，就算表面上看來你的概念彷彿享有專利權。你必須確認，你的概念的確獨一無二，而且始終保持獨特，而你每天都能面對競爭者追擊，都能一次一次用清晰的口吻重新定義自己，同時定義對手。

## 最大的敵人是自己

說要製造超大品牌已經夠笨了，那些人居然還說：欸，小心，不要讓旗下品牌跨線，免得互相競爭。於是有人發展出「公事包管理法」（portfolio management）。簡直讓人火大。

我不相信超大品牌的概念，我也不相信「公事包管理法」能奏效。這種管理方式，是讓每個品牌都像一個公事包，各自擁有界限，讓各品牌互不侵犯。我眞的不吃這一套。我認爲，每一個品牌都必須單打獨鬥，對抗其他品牌——包括同一公司旗下的其他品牌。消費者眼中的品牌世界就是如此。

根據「公事包管理法」的概念，你要爲旗下所有產品刻意建立勢力範圍，產品之間井水不犯河水。理由：免得互相吃掉彼此的客層。概念聽來不錯，可是，儘管這個可比在沙上畫一道細線的做法在理論上聽來有道理，實際上卻行不通。因爲，遲早會有人冒出來與你競爭，想要偷走你的客群，既然如此，爲什麼你自己不當那個與自己競爭的人？

**市場從來不是靜巧無聲、停滯不動的，也不會全然不變。你不可能控制社會經濟狀況如何進展，也不可能決定競爭對手如何表現。**

以我們一九九三年的雪碧企劃案爲例。雪碧一直是一個檸檬口味的汽水，也一直在檸檬口味汽水這個產品範圍裡競爭，而這在飲料業裡面是一個輕鬆的範疇，幾種產品都很類似，以七喜和雪碧爲主要角色。這個產品範圍多年來沒有擴大，只不過引進了人工代糖。

因此我們準備爲雪碧重新定位，把它的市場拓寬一些。我們在想：「要不要試著把雪碧帶出檸檬汽水的框框，讓它在整個飲料世界裡競爭？」於是我們修改做法，不再強調雪碧的透明純淨，改口對消費者說：你不要只在想喝檸檬汽水的時候才想到雪碧，當你想要找一個能反映你個性和生活態度的品牌時，你就應該想到雪碧。這做法讓雪碧在市場裡找到一個新的定位，而且銷售量有所成長。

這麼做，當然是把雪碧和我們其他產品如可口可樂和健怡可樂擺在一起競爭，但這是個優秀的策略。雪碧因此成爲全世界成長最迅速的非酒精飲料，四年內銷量成長三倍，達到超過十億箱的量。在此同時，我們也強力行銷與定位其他的產品，而它們也都有不錯的表現，在這段期間，全公司的銷售成長了百分之五十，年銷量從一百億箱增加爲一百五十億箱。

所有的事物都與周圍的一切互相競爭。因此，我相信應該要做成「同時行銷」(simultaneous marketing)，而不是一種有先後次序的行銷。我的意思是說，你不應該把各產品的測試排出順序，讓產品先後出現。市場從來不是靜巧無聲、停滯不動的，也不會全然不變。你不可能控制社會經濟狀況如何進展，也不可能決定競爭對手如何表現。所以，你豈能奢望在經過控制的環境中進行測試？一旦你想嘗試新點子，就應該去實驗，就算要在同一個時間裡分別在不同地方嘗試好幾個東西，該試就去試。

一口氣放出好幾個氣球到空中，你會發現有幾個氣球能在空中飛。你要同時在幾個品牌上都多多做企劃。我常常在會議當中聽到：「二月是可口可樂月，三月做芬達，嗯，健怡要到九月才做。」我總會回答：「幹嘛這樣？全部在一月就做吧。」眾人看著我，以爲我發神經：「不行啦，這樣它們會自相殘殺啦。」我說：「不這樣做，才是會被外面的競爭把我們全部吃光光咧。」

**同時，不要分先後**。品牌間自相殘殺沒什麼不好——寧可自己把自己的寶寶吃掉，也不要它被別人吞噬。萬一你的主力品牌有一個致命弱點，你擔心你其他產品會傷害這個品牌，那麼你就應該想辦法整頓這個品牌。不過，不要試圖用「公事包管理法」的方式解決問題。你應該讓產品站出來，直接面對競爭對手，而你自己在心中也要迎向競爭，不能躲避。再怎麼說，你寧可輸給自己，也不要輸給對手。

## 形象眞的有影響力

我有時候說，傳統行銷人太努力營造形象，卻不夠認眞推銷產品。聽到我這樣說的人，會以爲我覺得營造形象是浪費時間的事。天哪，這眞是天大的誤會。

假如行銷人時時抬出「營造形象」當擋箭牌，自己卻躲在背後納涼，這可不但是胡說八道，更把行銷搞得像是不必以銷售賺錢爲目的似的。行銷的任務不只是在消費者心中建立正面印象而已——我這麼說，不表示建立正面印象不重要，事實上它很重要，而且你必須積極從事。

凡是無法在「建立形象」與「銷售」這兩者間找到關連的行銷人，大概這兩件事都做不好。放眼望去，的確有許多公司所建立起來的形象有助於他們產品的銷售，例如維京航空（Virgin Airlines）和華爾街日報，形象鮮明，足以把他們的產品打入消費者的考處名單上。然而，有更多公司耗神招呼他們的廣告代理商，然而這些廣告人滿口怪點子，大談生產價值和廣告獎項的意義，卻不多思考，所營造出來的形象對於銷售來說究竟是助力還是傷害。這種人，不懂得怎樣建立品牌和定位，也不明白這兩件事的眞義。於是，他們營造出模糊、不相干或無聊的形象。

**這些廣告人……大談生產價值和廣告獎項的意義，卻不多思考，所營造出來的形象對於銷售來說究竟是助力還是傷害。**

我要再說一次：一切都從策略開始。你必須先擬定策略，確定你打算如何在市場中致勝，然後你要確定，你所建立的形象能幫你獲勝。假如你的策略是要走物美價廉的路線，你就不必弄出奢華的形象。反過來說，假如你的策略是要仿效英國航空（British Airways），強調所有航線的座椅都舒適無比，那麼你就大談受寵愛的感覺，而不必在意價格的問題。有幾個廣告的用意我始終弄不懂。一個是日產汽車（Nissan）幾年前推出的，畫面上有個黃種亞洲人和一隻狗，影像挺有趣，但我讀不出廣告想要傳遞什麼訊息。另外一個是達美航空（Delta Airlines）的「我們對飛行的熱愛，看得出來。」（“We love to fly and it shows.”）廣告。達美航空做這則廣告的時候，正在縮減預算，工作氣氛並不好，公司員工討厭自己的工作——廣告中流露出這味道。達美的服務很糟糕，所推出的廣告更凸顯了這件事。

可口可樂公司也逃不掉這種錯誤。想想以前，當百事公司力求增加銷量，做廣告要大家「接受百事挑戰，然後由你的口味決定」時，可口可樂公司還在注重形象，推出「喝杯可口可樂，微笑一下」的企劃案。

根據報紙的報導，剛才提到的日產汽車形象廣告沒有奏效，因爲它們沒有爲日產建立形象，更沒有因此多賣幾輛車。而那個達美航空的廣告，雖說建立了一種形象，然而所營造出來的形象不符合達美的實際情況。還有很多產品的形象鮮明，但沒有在形象廣告中傳達出市場定位，所以這些廣告基本上是沒有價值的。比方說牛奶協會所做的系列廣告，花了好幾百萬美元找幾個名人來當代言人。我其實蠻喜歡這幾支廣告，也淸楚知道廣告中所製造的牛奶形象。這是個正面的形象，它告訴大家：牛奶不只是嬰兒食品。但這個形象並沒有驅使我消費，因爲它沒有賦予牛奶任何讓人產生渴望的特質。這些個形象廣告竟然播了六、七年，我一瓶牛奶都沒買。好一點的做法，則會提出幾個理由，告訴大家爲什麼應該多喝牛奶。

## 只想從你身上得到

剛才所舉的例子，泰半是企圖運用廣告來爲產品製造形象。然而所謂形象，其實是消費者從點點滴滴的細節當中，所累積出來的對你的產品和你公司的認識（很可能是他們自以爲是的認識）。在我心目中，富豪汽車（Volvo）的形象是：一種安全但無趣的車。我覺得，那種叫奎斯特（Crest）的牙膏挺實用又有效的。在我看來，我家附近的雜貨店是可以去買茶包的地方，但我會到星巴克（Starbucks）店裡去喝咖啡。

這些形象是打哪兒冒出來的？有一部分來自富豪汽車、奎斯特牙膏和雜貨店的行銷人員，還有一部分來自我使用這些產品之後的親身感受，來自我所知道的使用這些產品的人，來自我所讀到聽到的文章和報導，以及這些產品的對手。

爲什麼我會認爲附近雜貨店賣的不是什麼好咖啡？因爲星巴克咖啡店的廣告這樣講。這家咖啡連鎖店的廣告教我，如果想要一些特別的、好一點的東西，就別往超級市場找。星巴克的廣告掌握了咖啡市場的對話主導權，並且從價格、形狀、服務和種類這幾方面，爲消費者定義出什麼才是值得期待的特質。星巴克用它的店面、活潑又專業的店員、它所賣的那堤和卡布其諾，以及深原木色的櫃台、現烘培的咖啡豆配送系統等等來告訴大家，眞空包裝的咖啡粉絕對不是好咖啡。這不僅爲它自己製造了形象，也爲整個咖啡業定出形象。

星巴克訂下了喝咖啡的標準，改寫了「喝咖啡」的定義，讓大家認爲，只有星巴克願意讓大家享受到好好兒喝咖啡的滋味。

對於絕大多數的人來說，「形象」一詞的定義模糊，大概是指和感覺、情緒、潛意識印象有關的東西。行銷人老是說，形象這種東西，既神祕也無法以文字描述。但是我要說，就和行銷學的其他很多事情一樣，形象不但可以用合乎邏輯的、有策略的、有系統的方式來建立，也必須用這種方式來建立。

而你必須秉持科學的態度來思考關於形象的問題。你必須全面探討與建立形象這件事有關的所有環節，然後，建立起眞正有說服力而且能吸引消費者的整體形象。

## 各種意象的作用

經驗告訴我，最重要的意象（imagery）有五種，分別是：商標意象、產品意象、聯想式意象、使用者意象、使用情形意象。這五種意象一同運用，才能營造一個一致的形象。

## 一、商標意象

星巴克咖啡店的招牌標誌，是它綠黑兩色的獎章式圖案、裝咖啡豆的袋子，以及原木色的櫃台，看到這些，你就覺得能買到以新鮮烘培的咖啡豆所煮出來的好咖啡。說到柯達，你想到它的黃盒子；多年的經驗和廣告，讓大家把柯達的黃色包裝當成品質的象徵，它讓人想到高品質的底片和相紙，連攝影新手也拍得出好照片。再以迪士尼來說，它的商標包括華德·迪士尼這個人、迪士尼樂園、米老鼠和米妮，以及一種全家在優質環境中歡喜玩樂的氣氛。

這些，就是品牌的重點和核心意義；這些，需要長時間培養，持續照顧。這些，是你的銀行，讓你在延伸品牌或生產新產品時有存款可提領。有關商標的意象，讓消費者保有一定程度的信心和一種連貫的感覺，讓消費者願意接受你在新意象中所增加的新元素。想製造出商標意象，需要時間，需要你特意運用專門的形象、動作和各種活動，讓既有顧客和潛在顧客認識到你商標的意義。

## 二、產品意象

這是指產品本身的眞正特性。以可口可樂和星巴克來說，產品意象是它們的風味。

健怡可樂的意象，是只要一卡路里熱量的好味道。柯達，是快速沖洗加上高品質相紙。迪士尼，一種乾淨又健康，而且經過消毒的娛樂方式。英國航空，則是舒適安全的飛行經驗。簡言之，所謂產品意象，指的是這項產品應該要提供的服務。

## 三、聯想式意象

廣告商與運動員或整支球隊簽約，爭取成爲國家足球聯盟賽（NFL）或特殊奧運的指定用品，目的就是要營造這種聯想式意象。所以，露華濃（Revlon）找來超級名模辛蒂·克勞馥（Cindy Crawford）代言，百事可樂找來麥克·傑克遜，目的也相同。

聯想式意象的用意，在於找出一個與消費者之間的共同點，藉此告訴消費者：「你喜歡的我們也喜歡；我的興趣就是你的興趣。而且，告訴你喔，我這裡有一個東西你一定也會愛。」你可以用這種極有價值的附帶理由，吸引消費者買你的產品，不過這種理由不能單獨成立。美國的福斯電視台（Fox TV）與國家足球聯盟賽合作，與棒球聯盟賽搭配，就是在運用聯想式意象來回答消費者的疑問：福斯是眞的電視台嗎？那當然囉，你看，福斯不是播出了NFL和大聯盟棒球賽嗎。我把這種聯想式意象稱爲「借來的興趣」，因爲這種做法是把消費者的其他興趣借過來，放進產品中，再反過來讓消費者對這項產品感興趣。

聯想式意象和行銷的其他環節一樣，必須自策略而來，也必須從策略出發。假如你跑去贊助一個與自己產品的整體品牌策略不符的東西，簡直愚蠢到家。可口可樂幹嘛要贊助美式足球賽？因爲可口可樂的基本消費群是認同美式足球這項運動的，可口可樂贊助了美式足球，也就把自己的品牌和產品訊息放在一片沃土上。露華濃與超級名模，百威啤酒與運動競賽——你必須是在有策略和有理由的情況下，才可以把產品與某個東西做聯想，不可以因爲你的對手提出某種聯想，你就非有樣學樣不可。百事可樂先找麥克・傑克遜拍廣告，然後找八〇年代知名歌手萊諾・李奇（Lionel Richie），我們可口可樂卻沒有跟進，當然是有道理的。

## 四、使用者意象

這是指哪些人喜歡你的產品，或正在使用你的產品。使用者意象的目的，是希望消費者看著你的廣告時心中想：「嘿，廣告片或平面廣告上出現的那些人，很像我這種人。我喜歡這一類的人，我想要成爲那樣的人。假如他們也使用那項產品或服務，表示我也應該使用。」所以你會看到，在維他命產品和營養補給品的廣告中，銀髮族在游泳、划獨木舟、跳舞、親吻。所以，模特兒總是年輕苗條又美麗。

## 五、使用情形意象

這項產品如何使用？在哪裡使用？在家中？在小酒館？在餐廳？商業人士用它嗎？它到底是什麼東西？有任何新的使用方法嗎？關於使用情形的意象不一而足，根據觀衆的性質而有所不同。比方說，在墨西哥，可口可樂是午餐的一部分，甚至不管吃什麼食物都要有可口可樂，墨西哥人用餐如果沒有可口可樂，就像是有一道菜應該上卻沒端出來。然而，在日本、愛爾蘭等其他地方就不會有這情況。換了一個地方，就得用不同的訊息。所以，沒有哪一項關於使用情形的意象可以做到「普天同慶，全民愛戴」。

假如能恰當運用這些有關使用情形的影像元素，就能製造出品牌形象。在整個廣告的過程中，必須累積每一項影像元素的優點與弱點，或是擴大，或是讓它們變成資本，盡量利用，才能讓品牌在一個持續的過程中不斷添加新的元素。

但是，務必謹記一件事：不管你有沒有特意建立一個品牌形象，消費者對於你的公司和產品都會留下有一個印象。你的產品包裝和配銷店，你公司裡接電話的人員態度是惡劣或有禮——消費者聽到和看到的一切，會在他心中製造一個形象；這個形象將會決定他們以後要不要購買你的產品。

## 樹立圍籬

話說至此，那麼形象和定位有何區別？一個品牌的形象，指的是大家對於這個品牌所抱持的整體印象；這個品牌的定位，則是指行銷人員希望大家怎樣看待這個品牌，對它有什麼感覺。我說，我覺得富豪汽車的形象是「安全但無趣的」，副總統高爾是個好人但也無趣——是誰讓我有這種印象的？是那些做行銷的人。以富豪汽車來說，他們的行銷人員把富豪汽車在市場中定位成一個質樸而可靠的家庭用車，比別的車種安全。至於高爾，那要怪他的行銷人沒有爲他定出一個有力的定位，才會讓我覺得高爾是個面目模糊的平凡傢伙。

你打算樹立一個什麼樣的定位，以及你想給消費者什麼樣的承諾，茲事體大。多年前，我曾和一位昔日同事兼好友密樂（Scott Miller）一同提出一個公式，叫做ＤＡＤ：「Define and Deliver」（定義，而後達成任務）。後來我們做了修正，變成ＤＯＣＳ：「Define, Overdeliver, Claim, and Success」：定義，超值交付，並且大聲宣示（讓所有人都知道你給的比原先承諾還要多），然後成功。

**你要很有自覺的為消費者營造出一種期待，一種你能滿足的期待；你不但要達成，更要做得比原先的承諾還要多；一旦你做到了，還要記得讓全世界都知道：我做到了。**

西南航空能夠大受歡迎，正是因為西南航空深諳這項「少承諾，多付出」的道理，避開了多數航空公司所遭遇的問題。太多航空公司的廣告中總是出現笑容可掬的美麗空服員，送上以精緻瓷質餐具承裝的美食，然後旁白說，搭乘某某航空，不但可享安全又準時的飛行，還吃得到好東西。可是，等你眞的上了飛機，你要吃雞肉卻沒雞肉，想喝酒沒酒，而空服員根本不是美女。

西南航空就沒有這個麻煩，因為他們不會事先承諾太多；而重要的是，他們所提出的承諾，他們一定做到。西南航空說，假如你提早到達機場，你可以先登機。他們怎麼能做到？是這樣的：飛機座位不是分成兩排嗎，每排各有三個座位。以劃位的順序來說，假如你到得早，是前面三分之一到達的，你可以先選要坐走道位置；假如你到得稍晚，屬於三分之一以後到三分之二之間的人，這時假如走道位置全沒了，你可以選擇靠窗位置。萬一你是最後三分之一到達的人，你只要有位置就坐下吧。如果你知道劃位方式和大家一般的選位方式，你不太可能會失望；假如你在起飛前一分鐘才登機，你不會期待還能靠窗坐，但萬一被你撿到一個靠窗位置，你會很樂。

另外，西南航空沒有說要提供餐點。他們只給你一小包花生和可口可樂，這種事不可能搞砸吧？最後，他們說，用合理的價格就能帶你到達目的地，而他們也做到了：西南航空提供乘客很多種選擇，而大多數乘客總能接受其中一、兩項，而西南航空都可以達成任務。其他大航空公司滿口天花亂墜，但消費者沒有得到什麼好東西。

你要很有自覺的爲消費者營造出一種期待，一種你能滿足的期待；你不但要達成，更要做得比原先的承諾還要多；一旦你做到了，還要記得讓全世界都知道：我做到了。

## 不要抵抗品牌的免疫系統

一旦你滿足消費者期待的能力增強了，你就能做到逐漸拓寬定位和加添承諾，這再怎麼說總是好的。當你已經有一套完成某事的方法了，你就應該把它當成給消費者的承諾，希望消費者漸漸變成非要你不可。尤其在你認爲你的對手做不到這件事的時候，你更應該這樣做。然而，消費者是有底線的，毫無妥協餘地。形成這些底線的力量，我稱爲「一個品牌的免疫系統」。

對於這個免疫系統來說，有一些東西是進不來的，不管你多努力多聰明，就是不讓你進入——這個道理，是我們從新可樂事件學到的教訓之一。

在新可樂企劃案當中，大衆的反應眞是出乎意料外的嚴厲；事件過後，我們整裝待發，重新行銷可口可樂。我們回頭思考：到底怎麼回事？爲什麼會變這樣？我們想了很多，認爲可能是因爲新可樂侵入了可口可樂的品牌免疫系統。這意思是說，從大衆的反應當中我們發現，可口可樂的根基在於它的連貫和穩定。可是，新可樂給的是新選擇與改變。這麼一來，多年來熟知可口可樂的消費者，對於這個品牌懷有強烈感情又熟悉可口可樂品牌根基的消費者，不肯接受一個與自己認知起了衝突的產品。對於消費者來說，新可樂好比一個外來的有機體，於是他們的免疫系統送出抗體，想把它消滅。

如果說可口可樂代表連貫與穩定，那麼百事可樂剛好相反，代表選擇與改變。百事可樂的定位始終是年輕、換個想像不到的方式做事；百事可樂不是在位者，而是叛軍。可口可樂可以用一個充滿感情的家庭團聚爲廣告背景，聖誕老公在暖融融的鏡頭中喝著可樂——萬一百事可樂的消費者看到百事可樂出現這樣一個廣告，保證嚇死。這些底線究竟如何處理，眞是一大難題。

**假如你所做的事違反了免疫系統的規矩，保證你的品牌會開始搗蛋。**

儘管品牌的免疫系統通常會設限，但一旦你了解了底線所在，反而能得到自由。這是因爲，免疫系統會明明白白告訴你，哪些事沒有用。於是你可以盡情發揮，因爲假如你做壞了，免疫系統會提出警告。你只要眼睛睜大，心胸打開，仔細收聽從免疫系統所傳出的訊息；假如你所做的事違反了免疫系統的規矩，保證你的品牌會開始搗蛋。

搗蛋情況嚴重時，就像新可樂的例子，銷售奇慘無比，消費者發飆，你只好趕緊收拾殘局。不過，有時候問題沒辦法一眼看出，可是你從自己的研究中發覺，消費者的購買動機改變了——這便是警訊。假如這種改變是因爲消費者增加了別的購買理由，也許是好事；萬一你失去了一些過去以來所倚賴的購買動機，那可就麻煩了，如果不趕快採取對策，你的品牌也許會死掉。

想像一下，「特寫牌」（Close-Up）牙膏向來強調它是含有漱口水成分的透明牙膏，它能改口說自己含有能使牙齒潔白的碳酸氫鈉嗎？萬一你加入這項異物，它就不是原來的那個產品了。有那種便宜的起瓦士威士忌（Chivas）嗎？GM能賣腳踏車嗎？又或者耐吉開始銷售女用正式鞋種？當然，這些例子很離譜，但我的用意是要指出重點：起瓦士一向以高貴爲訴求；GM賣的是有引擎的東西；而耐吉的強處在於運動場上的表現，不屬於正式場合。

# 掌控對話

前面說，處理底線很重要；但更重要的是你要在這個由所有競爭者共同畫出來的市場裡面，掌控整體的對話。以政治候選人來說，不管他喜不喜歡，反正對手遲早會給他一個定位，描述他對於某些議題的態度。你假如不親自在這片競爭激烈的市場上挑一塊領土，對手就會分配一個位置給你。

幾年前，百事可樂爲可口可樂定位，一開始他們說：「五毛錢買到兩倍。」然後他們說：「你看，可口可樂太貴啦，你付同樣的錢，他們給你的量比較少。」他們不但以此爲自己定位，也拉出了一塊戰場。

五十年來的廣告行銷業已經學到，故意在市場中拉出一場戰爭，是一種有效做法。百事可樂多年來把這項功課做得有聲有色。一直到九〇年代初，事情才有變化——可口可樂終於決定不讓百事可樂繼續這樣說。百事可樂在「五毛錢買到兩倍」之後，打出「日子任你過，百事夠你喝」，因此轉型成百事世代。這兩樁企劃都把可口可樂定位成是給暮氣沈沈的人喝的飲料，而百事可樂才是年輕有活力的選擇。到了七〇年代，百事可樂稍微結巴了一點；一直到找到一家設在德州的小廣告公司，爲百事可樂設計出一個很棒的案子：「接受百事挑戰，讓你的口味決定。」在廣告片中，平常喝慣可口可樂的人也面露驚訝表情：怪了，百事可樂比較好喝呢。

**把對手的定位縮減成一個單一特質，在此同時，把自己的定位拓寬。**

所謂拉出一塊戰場，意思是爲市場訂出遊戲規則。航空公司是這方面的老手，經常重新定義什麼是好的搭飛機經驗，什麼叫做有價値。在這方面的例子，除了前面提過的西南航空之外，新起的維京航空也很厲害。維京航空常常提出讓人耳目一新的新定義，並且用出乎意料的方式描繪它的對手。你想想，在維京的廣告沒有出現以前，你會不會期待在搭飛機的時候能馬殺雞，或是修手指甲和脚指甲？我以前從沒想過，但現在我會希望在搭飛機時有機會享受這些。

雷根在和卡特競選時，問題問得很不客氣：「美國啊，你現在的情況比四年前好嗎？」那時候的美國景氣不振，氣氛低迷，於是雷根提用這個問題來測試大家的看法。後來雷根又說：「卡特啊，你又來這一套。」此話一出，卡特顯得像個無法解決問題的人，從來想不出新點子。

一九九二年，柯林頓以經濟問題爲基調，訂出了對話的範圍。布希以爲自己任內四年與雷根在位的幾年，已經解決了美國經濟問題，於是他改談別的議題，試圖拓寬對話範圍。可是柯林頓得到競選顧問卡維爾（James Carville，①）之助，提醒大家，美國還有很多中產階級覺得生活拮据。柯林頓陣營打出口號：「問題在於經濟，笨蛋才看不出來。」（It's economy, stupid.）他們說，假如你自己狀況不佳，家庭也沒有過到好日子，就得進行改革。專家們說，柯林頓就是靠這一招贏得了九二年大選。

百事可樂和柯林頓一樣，除了正面攻擊之外，還做了一件要緊的事：他們縮小了對手的定位空間。百事可樂把可樂之戰逼成一場有關口味的戰爭：「百事挑戰」告訴大家，就可樂而言，消費者不管什麼歷史啊情感啊穩定不變啊，他們只在意口味。而柯林頓說，假如你個人的經濟狀況不佳，那麼不管布希說了什麼都不重要。

記住這個概念：把對手的定位縮減成一個單一特質，在此同時，把自己的定位拓寬。

## 策略優勢

行銷人應該多學學「百事挑戰」的廣告方法，它是一種「正面對照式廣告」。很多人一聽到對照式廣告就想到負面的東西，所以多半時候避之唯恐不及。可是，短期的負面廣告有一定的效果，所以選舉日迫近時，無計可施的候選人就開始互揭瘡疤。然而，長期來說，負面廣告沒辦法建立忠誠度，因為這些負面的話語只能顯示你自己的產品並不比別人差。要是你指證歷歷，說對手說謊、欺騙、要詐，也許能吸引選票——但也可能無效，假如你一直沒有提出正面理由的話。就算你今年因為用負面手法而贏了，下次你遇上一個正直誠實無處攻訐的人時，怎麼辦？若你還沿用負面廣告法，你可能陷自己於不利，因為你會惹火那些討厭口水戰的消費者。

**在對照式廣告中，你卻不必指明誰是你的對手。要緊的是你樹立一個標準，然後清楚顯示出你的產品達到這個標準，甚至超過標準。**

反過來看，正面對照式廣告法能同時達成三項任務：第一，把你的產品定位成具備若干有價值的特性；第二，定出一個做判斷的基準，幫你掌控市場對話；第三，把你的對手逼到一個弱勢的位置。再以百事挑戰為例，百事公司單挑可口可樂，但百事公司沒有說（也不暗示）可口可樂的壞話，沒有說可口可樂品質不良，止不了渴，充滿化學成分。百事公司只說：「有一些本來喜歡可口可樂的人最近發現，百事可樂比較好喝。你也試試再說。」焦點集中在口味上面，而百事可樂的確是好喝的。

雖然說百事公司直接點名可口可樂為對手，在對照式廣告中，你卻不必指明誰是你的對手。要緊的是你要樹立一個標準，然後淸楚顯示出你的產品達到這個標準，甚至超過標準。只要消費者接受了這項標準，他自己會做比較。比方說，我告訴大家，我們這家航空公司非常安全，因爲我們的機械人員每天檢査所有的飛機——聽到我這麼說，不必我指出對手是誰，你就會懷疑：別家航空公司有沒有這樣做呢？我不必提到對手，只要說出自己做了什麼，就足夠顯示我的不同。

## 向對手偷東西

現在，看看雪碧的做法，你會更進一步了解定位的重要性。

雪碧的誕生，是一則偶然。多年前，可口可樂公司發現自己遊刃有餘，很可以生產新的產品。想一想，檸檬汽水是個新市場，於是有幾個聰明的傢伙說：「喂，要不要生產檸檬汽水，打進那個市場看看？」彼時，可口可樂公司有個小吉祥物，是一個用在電視廣告中的動畫人物，古靈精怪活力十足，頭上有頂小王冠，它就叫做雪碧（Sprite，原意是小妖精）。可口可樂公司決定用「雪碧」來稱呼新的檸檬汽水。但是很可惜，雪碧的上市沒有策略，也沒有品牌定位，公司只說：「雪碧來了。它透明純淨，它是檸檬汽水。」

結果，幾年下來，雪碧與一大堆其他的檸檬汽水在一塊兒打混，個個面目模糊。大家覺得，檸檬汽水還就是一種便宜的檸檬飲料，全世界的消費者都只是偶爾才喝喝。檸檬汽水市場裡的兩大產品，有時候會想試圖改變整個產品範圍。記不記得，七喜曾經推出「非可樂」(Un-Cola)?七喜對它的定位是：當你想改變生活節奏時，就喝非可樂吧。這種定位，賺得了多少錢?七喜繼續開發創意，又推出一個企劃案，強調非可樂的不含咖啡因和防腐劑。這麼一來，檸檬汽水市場成長了，並且帶動了其他產品的上市，例如我們的太柏和健怡可樂等等。可惜市場沒有成長得太大。雪碧也沒什麼長進。

我總是打從心底相信，除非你已經佔有了百分之百的市場，否則你一定可以從對手那兒把消費者偷過來，壯大自己。可是雪碧什麼定位都沒做，顯不出與七喜有何區別，難怪雪碧的成長和整個檸檬汽水的市場一樣遲緩。

**所謂做廣告，也不過就是弄出一個品牌，讓這品牌擁有一個定位和一個形象。**

一九九二年，可口可樂美國分公司的品牌經理桑妮．博洛(Sunny Burrows)來找我，要我去當顧問，幫她找出雪碧的問題在哪裡。我們後來有了心得，不再把雪碧當檸檬汽水，而說雪碧是一種「有態度的飲料」("a drink with an attitude")。我們在做研究時，訪問了兩組消費者，一種是常喝雪碧的人，一種是很少喝雪碧，或者既喝雪碧也喝七喜的人。在我們的構想中，希望這個對於雪碧的新描述能引發辯論，好聽聽常喝雪碧的人如何替雪碧說話，看看是不是能用他們的話來打動不太喝雪碧的人。

結果我們發現，很有意思，兩組人都表示不太在乎雪碧是不是檸檬汽水，他們喜歡把雪碧說成是「有態度的飲料」，這話聽來有點兒玩世不恭，正好反映出他們自己是有個性的人。我們覺得可以用這一點來與百事可樂一較長短，踩進他們以「選擇和改變」爲定位的市場。於是我們建議公司，雪碧應該把檸檬汽水這項特質擱在一旁，不要管什麼透明不透明，就跨出檸檬汽水的範疇，直接進入一般飲料的市場。這建議大受歡迎，銷售直線上升。

沒多久，可口可樂總公司要我回公司。我重新上班的第一天，就打電話問雪碧的品牌經理：「我們一年前建議採用的企劃案，現在做得到底怎樣了？」他回答說：「嗯，我們有在考慮要用。」我說：「就用吧。」我們告訴製作公司，我們要把雪碧帶出檸檬汽水的範圍，稍微踩進百事可樂的地盤。結果我們推出新廣告案：「遵循你的直覺，順從你的渴望」（"Follow your instincts, obey your thirst."），由於訂出了新的規則，雪碧成爲市場上在過去六年裡成長最快速的品牌，銷售量增加三倍，每年賣出十億箱。

爲了讓雪碧的新定位更深植人心，我們想與美國籃球協會（NBA）結合。籃球運動讓人家覺得橫衝直撞，膽大活躍，而這正是我們希望賦予雪碧的形象。在此之前，大型體育活動總是找可口可樂和百事可樂這種大牌合作，從來沒有與像雪碧這樣的小品牌配合。那時候，NBA正在與我們公司協商，大家都想，哎呀，最後一定是與口可樂合作啦。後來我去找NBA的行政總監史登（David Stern），向他說明，可口可樂這個品牌已經負擔了二十種運動，這次實在沒辦法贊助NBA的相關活動，但是雪碧可以試一試，公司願意給很大一筆經費來促銷雪碧和NBA。史登一聽，知道這對於雪碧與NBA都有好處，就同意讓雪碧贊助。

今天，雪碧的形象已經與籃球運動及其精神相結合，這就是一種成功的聯想式意象，因爲在消費者眼中看來，結合的兩方具有共同特質。而這一切，都出於一個定位策略的衡量。

所謂做廣告，也不過就是弄出一個品牌，讓這品牌擁有一個定位和一個形象。一個公司所做的每一件事，從促銷到包裝到配送，在在影響到這個品牌。所以你務必時刻謹記在心：每一個細節都傳達出訊息。任何一個品牌都必須有自己的定位策略，而你針對這個品牌所做的每一件事，都要貫徹這項策略。

註釋：

① 卡維爾（James Carville），美國頂尖的政治顧問。自一九八二年開始，爲美國政治人物的選舉活動操盤，迄今戰功彪炳，總能讓所幫的政治人物勝選，或是鹹魚翻身。其中最大的一場勝利，莫過於一九九二年爲代表民主黨參選總統的柯林頓擘畫大局，終而爲民主黨贏得了睽違十二年的總統寶座。在這場大選之後，他不再參與美國國內的選舉企畫，改爲外國政治人物擔任競選諮詢，曾爲以色列總理巴拉克（Ehud Barak）和希臘總理米佐塔吉司（Constantine Mitsotakis）擔任競選策略顧問，也曾是加拿大自由黨和英國首相布萊爾內閣幾位資深閣員的顧問，甚至爲幾位現任國家元首負責競選大任，例如巴西總統卡多索（Fernando Henrique Cardoso）、宏都拉斯總理佛洛瑞斯（Carlos Flores）、厄瓜多爾總統莫瓦（Jami Mowad）等人。

# 5

# 戴妃、柯林頓與禁食節

## 萬事都互相效力

我們發現，大衆對於戴妃的死彷佛覺得有切身之痛，
是因爲大家覺得戴妃的一生充滿戲劇性，
然而她努力讓發生在身上的各種衝突與極端獲得平衡。
從研究中得到這樣的結果之後，我們沒有採用戲劇化手法，
卻只在幾則廣告中歌頌生之美好，
訴說可口可樂所給予的慰藉與它的值得信賴。
我們雖然只做了隱微的調整，
但這是我們在觀察、傾聽與學習之後所採取的行動。
而這行動有效。

大家都知道，行銷必須以消費者為依歸，但不見得人人明白一個道理：你所在乎的消費者，不是處在眞空環境裡的人，沒有人可以活在只有自己的狀況中。一個人的消費行爲，與他自己的所見所感所作所思都有關係。可是，許多行銷人不夠關心世上所發生的事，以及這些事對於消費者造成什麼影響。

**消費者活在一大片資訊的汪洋裡面，一絲絲小如分子般的變動，都會波及其他。所以，一個優秀的行銷人要像一隻鯨魚，在汪洋中悠然前行，覓得食物。**

假如你問行銷人到底有沒有注意世間種種，他們多半回答：「拜託，我當然知道發生了哪些事，我受過高等教育，消息靈通，每天看新聞讀報紙。」好吧，就算他們有做這些，可是他們一個星期裡可能沒有花幾分鐘想一想，諸如花旗集團的購併、共和黨黨代表大會召開等等事件，對消費行爲會造成什麼影響。行銷人只見到明顯易見的東西，例如看到股市下跌，行銷人知道這也許不利於遊艇和渡假屋的銷售，而且有些公司會縮減廣告預算。

這樣不夠。因爲天下沒有哪一件事情是沒有影響力的。「萬事都互相效力」，因此，就連消費者個人生活中所發生的事，都會反過來對你造成影響！消費者活在一大片資訊的汪洋裡面，一絲絲小如分子般的變動，都會波及其他。所以，一個優秀的行銷人要像一隻鯨魚，在汪洋中悠然前行，覓得食物。

爲什麼在足球賽結束後，球迷要把球門的門柱拆掉？爲什麼現在二十幾歲的年輕人流行在身上各種部位穿洞？爲什麼大家喜歡在高速公路上進內線道開快車？爲什麼近年來美國人的投票率偏低？而這一些問題，和銷售飲料啊機票啊或燈泡有啥關係？

我也答不出個所以然，可是，身爲行銷人，我必須關心這些問題——你也要關心。行銷人要想辦法找出這些問題的答案，並且想辦法把答案應用在工作上，因爲，事出必有因，這些個拆球門、穿洞、開快車、不投票、買某牌子的飲料或機票或燈泡等等舉動，在在反映了人們的情緒、意見，以及周遭大環境的氣氛。我看電視，藉此了解其他行銷人和企業界做了哪些好東西；我也觀察選舉行爲和投票結果、餐飲業的流行、球迷在球場上的舉動等等。觀察並分析消費者行爲，能學到幾招可以吸引消費者購買的招數。你要東看西看，東學西學，因爲所有事情都是相關的。

## 消費者永遠認識不完

研究消費者行爲，絕對不是新鮮的概念，行銷人早就懂得要盯著消費者，並向他們提問。可是，行銷人盯得不夠緊密，也沒有仔細思考所觀察到的事物究竟有何含意。在這整個從製造生產到配送、企劃與購買的價值鏈上面，消費者不只是其中一環而已，絕不只是行銷人所必須照顧的事情之一而已。有些行銷人甚至不把消費者列爲最需要思考的幾件事之一。

事實上，你很可能只需要思考關於消費者的問題就夠了。其他的事情，包括擬定策略在內，都比不上你的消費者重要。

在一九九二年的美國總統大選過程中，負責行銷的卡維爾一炮而紅，因爲他不斷提醒柯林頓，民衆最關心的是個人的財務問題。那一句「問題在於經濟，笨蛋才看不出來」，變成民衆生活中的流行話，走到哪兒都聽得到。我要把這句話改一改，送給所有行銷人：「問題在於消費者，笨蛋才看不出來。」假如你在商業界奮鬥，一心一意想賺大錢，那麼你別無他法，只能一心一意以消費者爲重，了解他們，取悅他們。假如你不肯這樣做，保證你失敗。

**如果吸引不了消費者，你所忙的其他事兒全都白搭。**

我當然曉得你還要照顧很多事。你要召募業務人力，建立經銷系統，你要設計一套有效率的生產程序和一套符合成本的採購流程，你還要與中盤商維持良好關係。是的，你很忙。但是請想一想：到頭來，買你產品的人是誰？搭你們飛機的人是誰？開你車的人是誰？又是誰在喝你的啤酒？在用你的洗潔精？是消費者啦，笨蛋才看不出來。如果吸引不了消費者，你所忙的其他事兒全都白搭。

位居行銷工作和商業活動核心位置的，是那些掏出荷包買你的產品或服務的人。你必須時時刻刻惦記著這些人，研究他們的一舉一動，把他們放在你所做的每一件事的核心。我要大聲強調一點：在消費者身上所發生的任何一件事情，以及消費者所做的任何一件事，都會影響你的行銷決策。假如你忽視了某一樁可能具有重大意義的消費者資訊，你就虧大了。

我說你要惦記消費者，要研究消費者，可不是要你採用老式的思考方式。誠然，歸納出消費模式很重要，但了解消費者如何看待你和你對手的產品，也很要緊。假如你賣蘋果汁，那麼你的確該了解消費者多久買一次柳橙汁、健怡可樂，甚至水果，該弄明白他們爲什麼要買這些東西——然而，想要眞正與消費者接上線，使他們不再買別的東西而改買你的產品，你必須把問題看得更深更廣。

你必須了解（至少要試著去認識）消費者所生活的大環境；在這大環境裡所發生的

任何一件事，都會改變消費者的行爲，使得他們去做什麼或不做什麼。經濟發展與景氣會改變人的心態。氣候變化、颱風來襲、某公衆人物去世、一場選舉，任何事都可能會改變消費者的想法，影響到他們對於你產品的看法。這就表示，你必須觀察政治、經濟、歷史、社會走向、生活流行、集體不安和娛樂活動，而且必須認眞思考箇中意義。消費行爲不是獨立的單一事件。

## 把眼光移向全世界

假如你賣的是大量生產的東西，以全球爲市場，你不可能問遍全世界的潛在消費者，他們到底要什麼。還好，你也不必這麼辛苦，你可以從很多資訊中得知消費者的心思和感覺。但很多行銷人不運用這些資訊，因爲他們不認爲做行銷需要廣泛思考，也不知道，看似無關的事件和情況變化會影響他們的銷售能力。

我在可口可樂公司時，國內每一次選舉結束，我都叫人去把在新任總統選舉陣營裡做民意調查的人請來做事。這是我的例行工作程序。因爲我認爲，這個做民意調查的人，比誰都清楚選民心裡在想什麼，我希望我們公司的人能了解這些，好把行銷做得更細膩深刻。以英國首相布萊爾（Tony Blair）的當選來說，分析家和民意調查人士指出，布萊爾的選舉基調其實很薄弱，他只不過是保證將來事情會有變化，但並沒有說會怎麼個變法。他說：「聽我說，我們必須改變。我的政府會有一番新作爲。」這種話，實在不像是謹愼的英國人聽得進去的東西，但在布萊爾這一次竟能過關。於是我們問自己：這個情況說明了什麼？我們認爲，這表示英國人對於現狀感到厭倦，想要來點變化——不管是什麼，只要新東西都可以。

**我相信，大衆對於戴妃之死的情緒反應，必有値得了解之處。於是可口可樂公司迅速進行了研究，想了解箇中奧妙。**

可口可樂公司從這項「布萊爾啓示」出發，修改了在英國的廣告與促銷方式，結果得到好處。我們沒有重新定位，也沒有改變承諾，我們只是做了一些稍微不同於以往的事。我們推出曲線瓶包裝，贊助各種活動，加上一連串的促銷動作，用這些方式來直接向消費者傳達心意；而我們減少了針對零售商所做的促銷配合。本來，可口可樂在英國的銷售成績並不突出，這麼一改，業績開始向上攀。外行人看起來，以爲我們施展了老套的行銷法，而且是刻意爲改變而改變。但我要說，儘管我們的確是爲了重新向消費者解釋我們的品牌才做改變，但我們是因爲先知道了大衆想要這些，所以才做改變。這和過去的做法截然不同——兩者的差別，就是我這整本書從頭到尾在強調的東西：過去的行銷依憑直覺與神來之筆，但我說的行銷絕非這種神祕藝術，而是以研究與資訊爲基礎的科學工作。

說到英國，再以戴安娜王妃的去世爲例，更清楚說明我的重點。戴妃在公衆媒體上的形象，是一個神經質的女人，由於公開在電視上談論自己的感情與性生活而備受苛責。然而，她的去世，竟能讓全球百萬觀衆同感哀慟。當我看著電視上播出民衆哭泣哀傷的畫面時，我深感驚訝，心想：不得了，這是大事。

我可不只是表示驚訝而已；我相信，大衆對於戴妃之死的情緒反應，必有值得了解之處。於是可口可樂公司迅速進行了研究，想了解箇中奧妙。結果我們發現，大衆對於她的死彷佛覺得有切身之痛，是因爲大家覺得戴妃的一生充滿戲劇性，然而她努力讓發生在她身上的各種衝突與極端獲得平衡。你看她，是個不愁吃穿的富家女性，生活奢侈逸樂，然而她同時也是一個好母親；她前一刻走出豪華遊艇玩耍歸來，下一刻卻在爲非常嚴肅的議題傷神，例如去除地雷的基金會與兒童福利問題。她是個大美人，但她的困擾與凡夫俗子一樣。我們發現，大家心目中的戴妃，是一個在人性的善與惡之間追求平衡的人。

大衆難過，是因爲失去了一個可以看齊的榜樣——當然，她比一般人有錢得多，地位與權勢高很多，而且比多數人美麗。但這些都不要緊。我們知道的是，對於無數爲求生存而在生活中掙扎的人來說，戴安娜王妃是一個偶像級的人物。

儘管從研究中得到這樣的結果，但我們沒有用戲劇化手法加以渲染，諸如用廣告或促銷來剝削戴妃的死，或刊登大幅廣告說：用可口可樂洗去你的哀傷。我們只在幾則廣告中用平衡的方式傳達出可口可樂的品牌基本訊息，歌頌生之美好，訴說可口可樂所給予的慰藉與它的值得信賴。我們只做了隱微的調整，但這是我們在觀察、傾聽與學習之後所採取的行動。

而這行動有效。

## 消費者民主運動興起

過去二十年裡，消費者市場發生了翻天覆地的變化，讀者當中有很多人無緣參與。我稱這一場變化爲「消費者民主制度」（consumer democracy）的興起。我用這個名詞來描述因爲很多變數的作用，特別是科技突飛猛進與市場的全球化，使得消費者忽然間多出很多選擇的情況。

這個發展在東歐與亞洲尤其明顯。由於共產制度的瓦解和市場的開放，使得消費者的選項增加。即使是在經濟崩潰的國家，消費者資源有限，但所擁有的選擇項仍比以前多很多。至於在發展中國家，基礎建設比過去進步，分配也比以前平均，於是很多產品有機會進入商店。這麼一來，幾年前還無所謂「選擇」的市場，現在要把選擇當作重點之一了。

與此同時，在民主發展成熟的國家和工業國家，也因爲科技的進展和經濟的商品化趨勢而出現重大變化。比方說，一家企業推出了新產品，其他競爭者很快就能模仿。這使得消費者眼前出現一大堆相似的產品，或者是替換性很高的產品。而有線電視頻道的繁多、網際網路的蓬勃，以及一天二十四小時都能買到的五花八門商品，更讓消費者養成一種期待能見到和得到更多消費品的心情，而他們也擁有更多的消費品資訊。

**消費者面對各式選項，就必然要做決定，而他們需要有充分的資訊才做得出決定。**

上述這些發展，對於行銷人員來說，既是嚴格的挑戰也是大好的機會，因此意義非凡。這是挑戰，因爲競爭激烈無比，行銷人必須使出渾身解數來吸引消費者；這是機會，因爲消費者面對各式選項，就必然要做決定，而他們需要有充分的資訊才做得出決定。

一九九八年的美國大選，投票率只有百分之三十四，爲什麼這麼低？我想，不投票的百分之六十六選民要嘛不知道應該選誰，要嘛根本不在乎誰贏，反正沒有哪個候選人提出了足夠的資訊和充分的理由讓選民覺得應該選誰。選民們有選擇權，但是缺乏夠力的理由驅使他們非去投票不可。

類似的情況也出現在消費市場。消費者當然知道，各式各類的消費產品在眼前，自己很有得挑，可是他們不知道該如何決定。你說，在現代生活中你如何購買瓦斯？關於那個石油中所含的無色液體碳化氫叫做辛烷的東西，你懂多少？在清洗引擎的汽油中要含多少百分比的清潔成分才夠？現在的人該怎麼買車？買小型的中型的還是大型的？由於幾乎所有車種都設計了前輪傳動和自動煞車系統，都配上了自動窗戶開關和自動鎖，那你到底決定買哪一型？

你又怎麼買牛仔褲呢？賣牛仔褲不是難事，只要到亞洲找個生產商，再找到布料，弄出樣子，不多久就能生產上市。然後，消費者東看西看，每一家生產的牛仔褲都大同小異，只不過品牌名稱不同，但他沒有特別的理由非要買哪個品牌的不可。厚的好，還是薄一些好？釦子式還是拉鍊的？要買有五個口袋的那一件嗎？誰來教教消費者該買哪一件吧。這個「誰」，就是你，做行銷的人。

## 別讓價格決定局勢

假如你不告訴消費者應該買什麼，他可能就不挑了，或者只以唯一一件他們理解的事為決定基準：定價高低。萬一你的消費者都把價格當成買或不買的主要考慮，那你的公司和你個人很快就不必混了。因此，你需要提出別的原因，讓消費者願意考慮購買你的產品。在當今這個以自由市場為基礎的社會，消費者帶著冷漠的眼光，聽著我們這些製造商與供應商向他們推銷產品和服務，而他們問：「我為什麼要買你的東西？」這個「為什麼」該如何回答，就是行銷人的挑戰與良機。

事實上，汽車公司在這方面的表現很好。定價與風格沒有把汽車市場的範圍縮小多少，汽車公司拼命教一些別的事：齒輪傳動、二十五吋胎、ＡＢＳ，又說引擎軸旋轉的動力、輪胎寬度、每加侖耗油量等等，然而，對於消費者來說，這些事情多半無關緊要；就算他們告訴你從啓動到九十公里需要多少時間又怎樣——街上一天到晚塞車，你時速能有四十就不錯了。可是，汽車公司一遍又一遍提出具體的理由，要你買他的車。當然，哪一家公司給出了最言之成理的理由，車就賣得好。

以前做生意的人不必提出這麼一大堆話，但現在——和將來——賣東西的人需要告訴消費者，爲什麼他應該買東西，又爲什麼應該買你的產品。每一天都要解釋。這意思是說，你要藉由你的包裝、你的廣告，以及你的銷售點和銷售員，甚至你的貨車車身所漆的顏色，向消費者傳達你的理由。你必須一遍又一遍再一遍告訴消費者，你的產品多麼特別；而由於市面上相似的產品只會變多不會減少，所以你更必須從產品的內在特質與外在特質來區隔你的產品。所謂產品的內在特質，指的是它實際上的好處，例如它多含一些酵素，它含糖量比較高，它口感比較有勁，它有維他命成分。至於外在特質，是指我在第四章所談的所有相關意象、商標、使用情形和使用者意象。就算你的產品事實上沒啥特點，行銷人也要把它描述得讓人覺得它眞的比較特別，比別的產品好。

## 消費者共產主義

假如你的行銷方式缺乏說服力，沒辦法吸引消費者，那就會造成「消費者共產主義」的出現。所謂消費者共產主義，是說消費者根據自己所聽到的最新消息和資訊，或是依照配偶和朋友的意思在買東西。消費者覺得，自己反正不懂得挑東西，那就照別人的意見買。這種「他們都說那個東西不錯，它大概也適合我吧」的共產主義，對於行銷人來說眞是可怕極了，因爲這種態度表示消費者聽的是別人的話，而不是你的話。

我自己有親身經驗。幾年前我想花錢租用飛機，找人共乘。我在考慮到底該租「鷹號」（Hawker）、「李氏噴射」（Learjet）還是「褒揚號」（Citation）才好。我殫精竭慮想弄清楚，這三種機型各有哪些特點，可是身邊的人都說，哎呀，飛機還不就是那樣，沒差啦，原理相同，都有穩定系統，坐起來都差不多舒服。我洩氣得很，實在不知該租哪一款；我跑去問飛機公司，他們也沒辦法讓我有個明白的抉擇。最後，我開始由「終極區分標準」來思考。很多人在決定不了該買哪種產品或服務時，就以價格來決定。

**這種「他們都說那個東西不錯，它大概也適合我吧」的共產主義，對於行銷人來說眞是可怕極了，因爲這種態度表示消費者聽的是別人的話，而不是你的話。**

但我畢竟沒有以價格爲最後標準，也沒有落入消費者共產主義的陷阱，可是我也做了件行銷人不該做的動作：我自己擬出標準。我最在意的是飛機加滿油之後的最高飛行航程，以及它起飛班次的安排有沒有彈性。照這兩點來看，我發現其中一型比較好，於是做出了決定。

假如飛機公司設身處地爲顧客著想，我就不必耗費這麼多力氣。飛機公司假如眞的能從潛在顧客的立場來思考，就應該知道，像我這樣的顧客在乎什麼，就應該在作生意時與我談這些我在意的東西。這也不過就是老式的「特性與好處」銷售法。可是，飛機公司提到的是冷硬的技術字眼，例如地到空系統、飛機坐在七級狀況——天哪，講這些幹嘛？我只想知道它對我有哪些好處耶，也不告訴我他們的飛機和服務能不能讓我隨時起飛出門，用我覺得方便的方式，載我安全到達我要去的地方。

我原本以爲，那三家公司既然製造出安全性無慮的飛機，所以應該以對顧客的方便程度爲行銷重心。像我這種想找私人飛機採用共乘制服務的人不多，既然市場很小，所以若想知道顧客在意哪些問題，實在應該直接問我，讓我自己開口講。這樣我才有機會告訴他們，多年來我經常必須搭飛機，一年要飛個幾百萬英里；我喜歡旅行，我的工作讓我有機會經常旅行，但我討厭進出機場、登機下機這種種煩人的過程。我希望能想出發就出發，想去哪兒就去哪兒，假如能做到這樣，我捨得花錢。然而，我也希望提供這些服務的飛機公司有足夠的飛機，方便我安排行程。

那三家飛機公司在行銷上犯了個錯誤：他們只想著自己和自己的產品，沒有照顧到客人。

# 他白天節食，你晚上推銷

隨著產品在全球銷售，行銷人愈來愈需要把其他的文化和價值觀放入思考。我本籍墨西哥，但一輩子在美國公司裡工作，對此小有體會——不過，仍然是經過一番學習之後才有的心得。幾年前，可口可樂公司裡有一份銷售預測表示，從十二月一直到隔年一月，中東市場的銷售量將會巨幅下滑。提報的人說，這是因爲，那段時間是回教徒曆法中的九月，照例回教徒每天從日出到日落之間必須禁食，不得吃喝。這節期採用的是回教的陰曆來計算，因此每年的西洋曆日期都不一樣；在我所舉例子中的那一年，我們的中東市場在一月要度小月……

……乍聽似乎有理。想想，幾百萬的回教徒處於禁食期，所以食物與飲料的消費會低於其他日子——不過，這只是未經深思的推想。事實上，回教徒在這時節並不是完全不吃不喝，他們只是在白天禁食。

這段時間的銷售數字下降，不代表飲料的消費減少，而是表示買不到飲料的次數增加了。因爲商店和餐廳在白天做生意，但此間人們到晚上才能找東西喝，可是這時店家又已打烊。再者，我們的廣告是以白天時候醒著而且感到口渴的人爲訴求對象，然而這些人現在白天不會來買我們的產品，這意味著我們白天的廣告都白花錢了。

假如你白天爲了禁食而不能喝飲料，你還會想看到一則訴說著可口可樂多麼清涼解渴的引人流口水的美麗廣告嗎？根本不想。

我們領悟到：假如想在禁食月當中賣出非酒精飲料，我們必須在晚上努力。也許有人在白天時會先買好飲料，以備晚上之需，而這類的人必然懷有非常熱切的心情，所以人數不會太多。於是我們改變廣告，推出促銷與活動，想辦法在這段期間推動銷售。我們很小心，以免顯得自己爲了商業利益而利用了這個重要節日；同時，我們仍然告訴大家，在一天的禁食過後仍然要吃要喝的。我們想盡辦法把可口可樂融入這個禁食節期，畢竟全球回教人口有十二億，銷售數字上的任何一點成長，都是不小的數目。

## 牽一髮動全身

有一件事你一定要銘記在心：一旦環境改變，消費者就會跟著變。全世界有很多行銷人不把政治動態與社會走向納入企劃，我眞是不懂爲什麼。消費者不見得一定對於經濟或政府有信心，但這整個世界是由各種分子所共同構成，一旦分子的排列組合起了變化，其他分子也就被牽動了。

當然，人人談論著氣候的異常和經濟現象的變動，但這兩個話題太容易受到注意；然而你看，韓國幾年來經濟活動跌到谷底，忽然間全國上下的心態爲之丕變，這到底怎麼回事？穩定不再是常態，人人生活在動盪中。當政治走向陡然由保守作風轉爲激烈改革，或是由左派回到右派，又代表啥意思？

假設桌上有一杯水，七分滿，然後你把它盛滿水，你新注入的水不會停在最上端，而是與原先的水分子混合。同樣的道理也可以說明整體環境的變化，以及某個商品市場的演變：只要有新東西加入，就會改變所有分子原先的位置，改變分子與分子之間的關係。

記住了這一點，你才有辦法取得領先。

**你不見得能一語道中究竟會發生什麼變化，而必須觀察一陣子，然後實驗一下，測度大家的反應。**

我深深相信，柯林頓總統的桃色糾紛和因之而來的彈劾事件，大大影響了全美民衆對於周遭一切的感覺。我相信，這樁事件影響了消費者的購物心態和對於未來的看法，影響了他們看待逸樂生活與儲蓄習慣的角度，也讓他們思索要不要去探望某位久未見面的朋友，家族要不要安排一次聚會。我相信，美國政壇的起伏與變動，使得很多人的金錢觀變得比較保守，對於生活中已擁有的一切和所珍視的一切更有感情。這些，影響到民衆考慮要不要買車買房子，造成民衆留在家中、訪友、與親人團聚的時間變多了。我深信，不確定的時代氛圍，帶來保守作風，而公衆的行爲證實了我的觀點。九九年二月，我讀到報導，美國股市的成交額極高，接近一九二九年股市崩盤之前的數字。我從而相信，這一切，以及這一切事情對於美國民衆所造成的影響，在在牽動著市場的表現。

前一陣子我與一位朋友聊起我這項看法。他說：「我懂你說的，政治上的變動會影響人的行爲。但我不明白，你如何預測那會是什麼樣的影響。你難道不能就此下結論，說是景氣好，大家因爲受不了身邊狗屁倒灶的事一大堆，於是藉著買東西或渡假來躲開這些討厭的事？」問得好。你不見得能一語道中究竟會發生什麼變化，而必須觀察一陣子，然後實驗一下，測度大家的反應。但重要的是你必須心存警醒，知道事情多多少少都會改變，並且盤算好萬一出現了哪些改變，你打算如何因應。

## 阿斯匹靈與洗衣精

某一個產品市場的趨勢與事件，可以讓另一個看似無關的市場獲得啓發或引以爲鑑。每當一個新品牌或新定位進入了某個市場，不但會改變這個市場的分子結構，也會使別的產品市場發生波動。

以止痛劑的市場來說，一開始只有阿斯匹靈，後來冒出了「太樂諾」（Tylenol），宣稱止痛效果比阿斯匹靈強，而且不會造成胃不舒服。這就抬高了止痛劑的門檻。其後相繼出現特效甲、強效乙的產品，以及「莫群」（Motrin）和「愛德威」（Advil）。然後，出現覆了糖衣的阿斯匹靈。然後，每一種止痛劑都想辦法讓藥丸變得好吞嚥，這又引得「小膠囊」（Caplets）加入戰場。一旦新的特性加進了市場的對話，就使得「能不能止痛」這件事落在焦點外了。繞了一大圈之後，又出了個「阿列福」（Aleve）保證止痛效果更好，讓事情回到了原點。

這個例子告訴我們什麼？首先，你懂了一件事：假如你能讓消費者對於一項產品感到滿意，你也就能改變對話內容，讓他們對這個產品覺得不爽。洗衣精的行銷人員想必知之甚詳，因爲洗衣精市場也經歷過同樣的過程：一開始，各種洗衣精產品爭相誇稱自己洗得最乾淨；然後出現了濃縮洗劑，說是洗淨力強又方便攜帶；然後出現使用輕鬆的乳狀洗潔劑，而爭執點又回到了誰才眞正洗得乾淨。

那麼，在你所處的市場中是怎麼回事呢？你能不能改變對話內容？可不可能冒出一個新產品，說它具備某某好處，而那是你的產品所缺乏的特質？

**你要多看看別人怎麼做行銷，分析他們為什麼要這樣或那樣做。**

再想想飯店業的情形。國際級的四季（Four Seasons）連鎖飯店為什麼那麼有聲有色？誰叫他們在房間裡供應那麼好的浴袍和洗髮精乳液肥皂？那些瓶瓶罐罐可貴的咧，別的飯店都把這些給省下來了。四季飯店懂得了哪些別人不知道的事嗎？也許吧。別的飯店都太在意成本效率和人事開支的問題，但四季飯店到頭來不但賺錢，還把顧客照顧得願意再上門。當你看到四季飯店的成功令人豔羨，你應該要想：對於我產品的市場來說，四季飯店帶來什麼啓示？

看到麥當勞的得來速（Drive-through）分店大排長龍，有人就想效法，而且只提供不必下車的外帶服務，並簡化菜單，只買幾種產品，認為這樣應該能撈到顧客，還省下土地和設備方面的開支。於是有「雙倍得來速」（double drive-through）餐廳的創立，比得來速多出一邊提供服務窗口，一開始生意很不錯，一直到最後也犯了和麥當勞一樣的錯：菜單內容增加，顧客變成又要排隊了。如果你持有赫茲租車公司（Hertz）的白金卡，你可以只打一通電話，就享受到他們把車開到你面前的服務——這像是過去機場為了平息客人的不滿所做的補償。

你要多看看別人怎麼做行銷，分析他們爲什麼要這樣或那樣做。可口可樂公司的人經常參觀食品展，目的不是爲了炫耀自己，而是要了解業界的動靜。我們看看新產品的外型，了解在顏色和包裝方面的新趨勢。我們也參觀各式展覽，包括帶領形狀與顏色流行的服裝展和美容化妝品展。我們也去看各種運動競賽，從中了解各階層消費者性格中的攻擊性程度高低。

這些產業裡面的人，和政治人物一樣，都在做行銷工作。他們把產品（不管是吃的用的或擺好看的）放在消費者眼前，讓消費者挑選。消費者的所有意見，你都要想辦法了解；假如你懂得消費者腦袋中所想的東西，你就領先同行了。

## 擁有了她，就要牢牢抓住她

還有一件關於消費者的事，行銷人也做得不夠。那就是與消費者建立關係。

我說過，我從來不相信人家講的，假如你夠早擁有消費者，你就可以永遠擁有他們。我倒覺得，如過你及早抓到他們的心，你就得永遠對他們做行銷。這並不是說，要把每一次的銷售都當成一次全新的活動；因爲，天底下最容易掌握也最可能不顧價格而願意買你產品的人，就是曾經買過你產品或服務，而且使用後覺得滿意的消費者。我每次進店裡買東西，總是很驚訝，店裡居然沒有人爲了吸引我再次光顧而說些什麼或做些什麼；這也就罷了，有些店的服務根本不像話。

重複銷售（Repeat sales）是很容易達成效果的，然而很少有公司在這上面花心思。經常搭飛機和經常購買某樣東西的顧客，也許能享受到某些「常客優惠」，但他本來就要經常飛來飛去，或本來就非買這項產品不可，而這類的行銷開支通常很高。事實上，有很多不花大錢的方式可以吸引顧客經常購買。

**店員們其實不知道，我過幾個月又要買眼鏡時，我絕對不會再找這家店。因爲，這家店沒有與我建立起關係。**

以眼鏡行來說，店員總是想辦法推銷高價位的東西，很容易讓人上門一次以後就不願意再來第二次。我很愛換眼鏡，一來因爲我經常折斷鏡架、打破鏡片或搞丟，再來我也常常一時興起就買一付新眼鏡。所以，我很可以是眼鏡行的好顧客。但是你知道嗎，我每次踏進眼鏡行，店員總會強迫推銷，結果我買到昂貴的鏡架和重量很輕又易感光的鏡片，又是加了保護膜又是紫外線防護，諸如此類。我踏出店門，幾個店員在我身後擊掌歡呼，因爲他們賣出了高價產品，可是我浮出一種熟悉的受騙的感覺。店員們其實不知道，我過幾個月又要買眼鏡時，我絕對不會再找這家店。因爲，這家店沒有與我建立起關係。

事實上，眼鏡行不該把我當冤大頭，反而要想辦法讓我願意再回他們店裡買東西。我既然踏進你的店了，表示我八成是會買東西的，那麼在我逗留你店裡的這段時間中，你要找出一個辦法，讓我下一次還願意回到這兒買眼鏡。方法很多，也都很簡單：叫個店員隔天打電話給我，問我新眼鏡戴起來舒不舒服——這樣做多好，不但能彌補我心中也許會出現的不高興，還可能與我建立關係，願意再進你的店。有一次我去一家車行，回來後他們打電話問我車子情況如何。嘿，眞聰明的生意人，這麼一來，就算車子有問題我不高興，但這股怨氣不會累積。

## 信用，有信必有用

我二十年前搬到亞特蘭大來住。從搬過來的那一年開始，我每年聖誕節都會收到一封由「南方公司」（Southern Company）總裁比爾・達博（Bill Dalberg）寄來的信。南方公司是我所住的地方的電力公司。剛開始，我覺得寄信這件事兒有點荒謬，這個達博，我又不能向別家電力公司買電，居然寄信給我，謝謝我成爲他們的顧客。後來，我覺得挺有意思，光這一個心情，就讓我覺得錢花得挺値得。

慢慢的，在我多了解了亞特蘭大這個城市之後，覺得達博這傢伙眞厲害。因爲他心知肚明，他遲早需要我的諒解與支持。我還不知道會在什麼樣的情況下，我想他自己也不敢斷言，但他就是懂得事先建立關係。

亞特蘭大是一座綠意盎然的城市，處處植樹，所以非常適合居住。而它也是一座歷史悠久的城，所以，城中的電力系統是多年前設立的——亞特蘭大使用電線桿來連結電纜，以此送電。而亞特蘭大位處美國南方，因氣候形態使然，逃不掉暴風雨的侵襲。一旦暴風雨來襲，把樹木颳倒並不稀奇，萬一樹壓倒電線桿，破壞了電纜，就停電啦。當然，城中民衆們，也就是南方公司的用戶們，對此可不高興呢。

修復電力往往耗時數日，四年前有一次停電，花了十天才完全修好。天啊，在等待的期間，我想起那個達博寄來的聖誕賀卡;他年復一年在我身上所儲備的信用，就在停電的時候發揮效果。在等電來的日子裡，我心情很單純，我知道南方公司一定在趕工幹活兒，盡快恢復供電。

從這個例子可知，與顧客建立關係是何等重要的事。假如你在消費者心中建立起足夠的信用，那麼有一天當你出狀況時，你的顧客會很寬宏大量。

**相信我，總有一天你會需要靠信用幫忙的。**

此外，還有一個可能更重要的原因：假如你與顧客之間建立起關係了，萬一有一天你的品牌受到競爭者的攻擊，你的顧客比較可能願意支持你。再以電力公司爲例，現在有關電力公司的經營法規已經解除，也和電話公司一樣開放民營了。所以，現在各家電力公司所面臨的問題，正是自己在用戶心中是不是有信用，足夠讓用戶對他們忠心耿耿。假如電力公司眞正憑良心在做事，紮實可靠，建立了信用，那麼他們的用戶就會有信心；就算出現了比較便宜的新競爭者，用戶不但不會被吸引過去，反而會打從心底懷疑新公司的產品有沒有問題。

顧客忠心若此，夫負何求？你看現在有多少人還是用AT&T的長途電話服務，我就是其一。時常有別的公司打電話遊說我換電話公司，可是AT&T的表現不錯，讓我覺得它會繼續提供好服務，於是我就繼續使用它，當作我對AT&T的回報。

不管你身在哪一種產品或服務的市場，你的消費者遲早會經歷到經濟不穩定的情況，或是看到某項產品以新的方式呈現，而這些的目的都是想吸引消費者：「聽我說，那個老傢伙能提供的東西我都能給你，但我還比較便宜，而且比較小（或比較大，比較快）。」假如你心中了然，信用絕非一蹴可幾，卻需要長年累積，而你已經開始在做了，那麼，當有一天你需要藉信用來挽留原有顧客時，你才會有信用——相信我，總有一天你會需要靠信用幫忙的。

在今日的市場中，想要在公司與消費者之間搭起橋樑，進而交上朋友，難免要先花錢；但是只要你眞正注意到消費者，在乎他們的需求和感覺，而你也眞的花了時間和力氣，試圖從寬一點的角度來認識消費者並思考有關他們的事，那麼這份心力是不會白花的。但萬一你不肯照辦，那你就早早熄燈打烊吧，因爲一定會有人照我的話做，到頭來就會把你趕走。

# 6

# 虛擬消費不要也罷

## 從理論上的好感到行動上的購買

一九八〇年代早期，各種調查都說，

可口可樂是消費者最喜愛的飲料品牌。

然而，在這成爲消費者最愛的時刻，

可口可樂的銷售量卻節節下降。

儘管大家愛這個品牌和它的廣告，

但我們的市場佔有率在變小。

我恍然大悟，啊，這叫做「虛擬消費」。

愛你的品牌卻不買；知道有你這個人存在，

認得你的長相，卻對你毫無興趣——你希望這樣嗎？

這種虛擬消費，不要也罷。

最近我與一個客戶聊天，談著談著他愈來愈興奮，告訴我他前陣子做了個大企劃案，然後最近有一份調查顯示，他的品牌在所屬產品類別裡的知名度最高，有幾百萬的消費者在一聽到該項產品類時，最先想到的就是他的品牌。

「很好啊，」我說，「那銷售成績怎樣呢？品牌知名度有沒有轉成銷售數字？」

「喔，這個啊，」他說，「因爲廣告太成功了，所以我們還要再用一陣子。」

眞是行銷浪費的模範生，可以收入行銷教科書裡當例子。但在我的經驗裡面，行銷人一直在犯這種錯誤。像前例中我客戶這類的人，事情只做到一半，但他自以爲完成任務了。他花了大筆錢爲產品營造形象，以爲這樣就可以舒舒服服坐著等待形象爲他帶來銷售成績。

他沒有做到的那另一半工作，是什麼？

他沒有叫消費者移駕去買他的產品。

## 快去快去：去買我的產品

許多行銷人認爲，把話挑明了，叫大家去買自己的產品，簡直是粗鄙無文。他們覺得：「拜託，就這樣叫人家來買？太直接了吧。我才不幹。行銷工作不是應該製造形象，營造一種迷人氣氛嗎？萬一做得太過頭，吆喝他們快來買，是會惹消費者生氣的。」這話眞讓我丈二金剛摸不著頭腦。

我和別人一樣，毫不懷疑形象的重要性。要讓消費者在還沒有考慮購買之前，就清楚知道你的產品有什麼意義，是代表高品質呢，還是快速？或者是便宜？多功能？但是你的最終目的，是要他們掏出錢來買下你的產品——就我所知，最能做到讓他們買你產品的方法，莫過於給他們理由：它好吃，它讓你更快到達目的地，它很可靠，它讓你全身散發迷人香味，諸如此類。提出理由之後，你得「叫」他們去買。

**行銷的道理也一樣，先設計（提出產品本身的意義），然後是表達（提出購買的理由），最後是一句話：請來買它！**

舉一個親身經歷。根據歷史記載，那個硬生生阻止可口可樂公司再度推出可愛的「山頂」（Hilltop）廣告案的人，正是在下。不知道你記不記得，那個廣告裡有好多小朋友，他們來自世界各地，站在山頂上高歌：「我要教全世界的人唱歌。」（"I'd like to teach the world to sing."）

你說你好喜歡那個廣告。我知道。所有人都喜歡它。

這支山頂廣告和導言所提到的壞蛋葛林廣告一樣，受到消費者與裝瓶廠商的喜愛。這支廣告溫馨感人，並且傳達出四海皆兄弟的情感。我自己其實也很喜歡它。我不是因爲不喜歡它才抽掉它的。這支廣告在一九七九年首播，那時候我在麥肯廣告的墨西哥分公司工作，可口可樂是我的客戶。我們把這支廣告做了一點調整，甚至把曾在這支廣告片中出現的一個墨西哥小女孩找來，以她爲其他相關行銷活動的主角。

但是，你猜，這支可愛的廣告有沒有幫助我們多賣出一些可樂？

沒。

這支廣告只讓人對可口可樂產生一種美好的、溫暖的、模糊的感覺。它不但沒有幫助銷售，事實上，在這支廣告播出的時期，市場銷售是退步的，其中又以美國市場衰退得最嚴重。

我們反過來想一下汽車的銷售——是的，汽車。或者是夜裡某個有線電視台所播的商品介紹節目。某個影視名人向觀衆兜售各式玩意兒，他們使用最古老最不拐彎抹角的推銷手法，介紹這項商品的特性與好處。他們用清楚的話告訴觀衆，這些個塑腹器、果汁機、蔬果絞碎機等等，能夠讓生活變得多麼美好。說完，他們就叫我們現在立刻拿起電話，馬上訂購。嘿，我們根本不需要這些東西的，但眞的就有人購買。

爲什麼我們不持續採用這種行銷手法？行銷不同於廣告或推銷，可它卻又必須兩者兼備。電視影集《歡樂單身派對》（Jerry Seinfeld）的主角傑瑞告訴過我，如何塑造一則好的笑點：「先有一個設計，然後想出表達方式，最後要有一句夠力的話。」行銷的道理也一樣，先設計（提出產品本身的意義），然後是表達（提出購買的理由），最後是一句話：請來買它！

## 引人注目只是第一步

想要在廣告中做到引人注目和讓品牌顯眼，不是難事，我不費吹灰之力就做得到。比方，我可以在廣告中找個人把衣服脫掉，一經電視播出，觀衆必定印象深刻。也可以把產品取個稀奇古怪的名字，讓大家一下子就記得品牌。你要我營造品牌的地位，不管是要像法拉利汽車那樣高級奢華，或像柯達那樣親切可愛，我都能輕鬆做到。然而，這些都不能保證一定能達成銷售目的，因爲就算是消費者最愛的品牌，也不表示一定能促成消費。

關於這一點，我有切膚之痛。一九八〇年代早期，差不多所有的調查都說可口可樂是消費者最喜愛的飲料品牌。然而，在這成爲消費者最愛的時刻，我們的銷售量卻節節下降。儘管大家愛我們的品牌和廣告，也喜歡可口可樂所代表的意義，但我們的市場佔有率在變小。

這時候，我終於恍然大悟，啊，這叫做「虛擬消費」（virtual consumption）。

**這種虛擬消費，不要也罷。愛你的品牌卻不買，知道有你這個人存在，認得你的長相，卻對你毫無興趣——你希望這樣嗎？**

虛擬消費的現象，常出現在像跑車這種奢侈品的市場。消費者看著這些東西大嘆：「哇，一級棒。這東西眞炫，我喜歡。這是我最愛的品牌。」但假如你問他們，想不想買一個，或打算什麼時候買，他們通常表示：「喔，我買不起。」或說：「我需要的不是這種東西。」「它不符合我的生活方式風格。」或說：「沒有我想要的顏色。」這時候的消費者，好比愛上了某個女孩，但不打算娶她回家。有時候，他們甚至會買件印有你品牌名稱的T恤，穿在身上到處走，在「心情」上以爲買了你的產品。而消費者幫你做活廣告，盛情誠意確實感人，但你實在不能稱這爲成功。

這種虛擬消費，不要也罷。愛你的品牌卻不買，知道有你這個人存在，認得你的長相，卻對你毫無興趣——你希望這樣嗎？你也不應該對這樣的人心存幻想才對。因爲，你的目的是要把東西賣出去。

第四章所討論的品牌塑造、定位與形象營造，都只是準備工夫，做到那些動作之後，你還要打動消費者，讓他相信你的產品符合他的需求，然後你得想辦法讓他肯起身去買你的產品。如何讓生意成交，也是行銷工作的一環。

我認為，消費者對於產品的興趣可分三種程度：第一層，他認識你的品牌，知道這是什麼東西。第二層，一般稱為購買意圖（purchase intent），消費者知道你的產品，而且將來想要買它。聽起來挺美的，是吧？可是購買意圖這字眼會造成誤導，行銷人一聽到「購買意圖頗高」就樂陶陶，到頭來卻對著沒有實現的意圖失望嘆息。你應該留意的是第三層：日後購買率（share of future purchases），這是要問消費者，是不是正計畫要購買？在下一次、下下次，或到下第幾次的時候，他會購買你的產品？當你的產品已經引起注意的時候，你就要測量這個將來會購買的佔有率到底多高。

## 消費了才算數

聽到我在本章一開始時所舉的例子，也就是那位把產品知名度提升為同類產品中第一名的客戶，傳統的行銷人和許多廣告公司會說，那個人其實沒有做錯，他盡忠職守，讓消費者對於產品留下印象。他們也許還會說，銷售是業務的事，不是行銷人的工作。各位，請不要忘記，我們今日之所以要做行銷，目的是為了多賣一些東西，假如行銷人沒辦法讓消費量增加，那就是怠忽職守。讓消費者認識你的產品固然重要，但銷售和利潤才是一切。

傳統看法認爲，只要抓住了顧客的心，他就會掏出錢包；這樣的觀念已經死翹翹了，無效了，完蛋了。想一想政治競選活動，你會只因爲候選人是個好人就投他一票嗎？還是你會考慮投給那個對於重大課題有看法，並且針對你和你所關心的問題提出改善之道的人？

同理，關於商業產品的考量也一樣。假如你的目的在於賣出更多產品，那麼，光是讓消費者認識你的產品並不夠，你要提出購買的理由給他們；你要搔破頭皮，想辦法把你產品的訊息告訴他們。假如你希望他們願意多買，常常買，你就得給出更多理由。甚至你得說：「你需要我的產品。假如你認爲你不需要我的產品，那就假設你自己需要我的產品。因爲某某原因，你想要我的產品，所以，快去買它。」這話要一遍又一遍說。

讀者諸君聽了我這樣講，心想：概念不錯，當然要做到讓消費者來買東西，可是，你怎麼做？大哥你又有什麼有別於傳統的手法，可以把理論上的好感轉變成行動上的銷售數字？

「次元化」。這是我的方法。

## 次元化：多一個理由，多一些銷售

所謂次元化（dimensionalize），就是超越原定的或明顯的賣點，而（像數學上的增加次方數一樣）一次又一次讓顧客有理由來買你的產品，這就是說，你在顧客心中一次又一次添加了你的形象次方。我的做法之所以特殊，就在於我爲了要一次又一次找到全新而有創意的次元，我就以全新並且有創意的眼光來看待消費者。我想，所有行銷人都應該學我這樣做。

習慣上，行銷人在思考關於鎖定消費群，進而尋求次元化的時候，一般只用「三度次元」或「四度次元」：年齡、性別、種族，有時加上收入高低（或者是否爲專業人士）。只要針對這三、四度次元分別找到不同的產品吸引力或購買理由，他們就一次一次老調重彈。

嗯，我認爲這樣不夠。當然，針對銀髮族所提出的訴求，不同於對年輕人的訴求，而男性與女性也應該要分別考慮，可是在這兩極之間，有許多的市場區隔或類別，所以你也應該做出更細膩的區隔。增加次元，不只是爲了吸引新的顧客群，也是爲了確保老顧客願意繼續購買。

**假如只是爲了解渴才喝可口可樂，那就只會喝這麼多。但假如你有十個喝可口可樂的理由，你的消費量當然就多很多。**

我們可口可樂公司在九〇年代初期正式發展這個次元化的構想，找出了三十五種我們過去曾經用來說服顧客的特性（也就是前面所說的次元），推出了「永遠可口可樂」企劃案。這是一項前所未有的企劃：根據這三十五種理由，我們提出了看待可口可樂品牌的三十五個方法，然後拍攝三十五支不同的電視廣告。你只要打開電視，就會聽到可口可樂開口對你說：它不但讓人精神振奮，它也是有人緣的、走在流行前端的、可靠的、聰明的、酷酷的……。果然奏效。儘管可口可樂已經是一個老品牌，但這麼一來，它的銷售量猛然往上衝，在五年裡成長了百分之五十，達到每年銷售一百五十億箱。原因無他，我們只不過針對更多市場區隔的消費者，分別提出更多的購買理由。

若想區隔市場，有個方法很管用：去注意消費模式，觀察各個不同的消費族群所認識到的品牌形象或品牌次元。首先，你會很驚訝，使用程度分別是「輕度」、「一般」和

「重度」的三種使用者，在看待你所以為的產品基礎特性時，觀點竟是天差地別的。其次你會發現，上述三種人是很不一樣的族群；而經常購買你產品的人，與習慣上購買你對手產品的人，也是大不相同的兩種人。

你從那些觀察當中所得到的資訊非常寶貴，原因有二。第一，相較於輕度使用者，對於你來說，重度愛用者當然是利潤比較高的消費群；假如你能把重度愛用者當成一個特定區隔，就可以為他們量身打造一套專用行銷法，以求維護甚至提高他們的消費量，並且把對手的重度愛用者也吸引過來。第二，一旦你找出對於重度愛用者有效的訴求點，你就可以應用相關心得，想辦法爭取到輕度使用者，讓他們進一步成為中度甚至重度愛用者。

我們可口可樂公司的經驗是，一般來說，重度愛用者所提出的購買理由比輕度使用者多很多。於是我們想，應該要讓輕度使用者也覺得，嗯，(重度使用者所說的理由)與我有關呢。與他們有關的理由愈多愈好。

想一想吧：假如只是為了解渴才喝可口可樂，那就只會喝這麼多。但假如你有十個喝可口可樂的理由，你的消費量當然就多很多多。

**你應該針對愛用者研擬企劃案，思考如何帶動其他類型的使用者，造成延伸效果。**

非酒精飲料是一種沒有固定遊戲規則的產品市場，喝或不喝，基本上只是個人偏好的問題。在這種市場中，以重度愛用者為榜樣來鎖定輕度使用者，是非常好的點子。畢竟——雖然我實在不願意接受這事實，但說眞的——飲料不喝又不會死。因此，你可以嘗試讓輕度使用者站在重度愛用者的角度，注意到某些產品特性。在別的產業裡，重度用者和輕度用者之間，往往是截然不同的。例如航空業，經常飛行的人是因爲必須飛來飛去；難得搭飛機的人，通常是爲了渡假，或參加重大家庭活動或親友婚禮，或是遇到千載難逢的機票特價，才會買機票。在這種產業裡，你就必須使用不同的手法來吸引這兩種完全不一樣的消費群。

可惜，大多數的航空公司看來都不懂這個道理——假如他們懂，就不會推出什麼常客優惠專案。你想想，符合這種優惠條件的，就是那些要經常搭飛機的人，讓他們可以累積飛行的里程，然後得到免費機票，鼓勵他繼續多多搭乘。我一年累積兩百萬英里，航空公司就送我三十萬英里的免費機票。哎，說實話，我巴不得少搭幾次飛機。

倒是飯店業者機靈得多。有的飯店會讓常客累積點數，有的是送一份早報，並且把常客的房間安排在所謂的高階主管樓層（雖然實在和一般樓層沒有兩樣）。這一類的做法，讓經常投宿的客人覺得，自己畢竟得到不一樣的招呼，有別於偶爾上門的住客。像這樣的飯店業者，才眞正懂得，常客是利潤所在。

我們賣飲料的人，從長年累月的分析結果當中明白，必須找出那些每天都喝飲料的人，把他們占爲己有。在墨西哥，平均每人每年的飲料消費量是四百份（瓶或罐或任何包裝）六盎斯裝的飲料，那麼，所謂的重度愛用者，指的是一天喝三、四份以上的人。這正是你在找的顧客。而你要想辦法緊緊鎖定他們。

假設你有百分之三十的市場佔有率，那麼你起碼要擁有百分之六十的每日飲用者；假設每日飲用者佔市場的百分之十，你要盡可能把每一個都抓到。讓其他人去搶奪那些一個月才喝一次的人吧。你應該針對愛用者研擬企劃案，思考如何帶動其他類型的使用者，造成延伸效果，而你的業績整體而言獲利會比較高，當然，你就開心囉。

## 學學政治行銷術

在區隔市場時，還有一個很好的參考：看看政治人物的競選方式，以及選民的支持與反對程度。

一般來說，選民可以分成以下幾種：

第一、死硬支持派，這種人不管你說什麼做什麼，也不管投票日風吹雨打颳大雪，一定會去投你一票。

第二、軟性支持派，這種人需要你稍微做一點說服的工作，但不必花太多力氣，因爲他們基本上是支持你的。

第三種是游離未決派，這種人心存觀望，通常要到選前一天，才會看某個候選人近日來提出什麼樣的觀點，以及他如何描述其他對手，以此做出最後決定。

第四種人叫做軟性懷疑派，他們也許會考慮給你一票，但機會並不大。

至於最後一種，你就不必管了，因爲他們是永遠不會投你票的死硬反對派。

**有時候，消費者反對你，是因爲他們不喜歡你的某一個特點，或者是他們比較喜歡你的對手，但大部分時候，他們只不過是對於市場中的所有產品都認識得不夠深。**

你不妨用這種分類方式來分析你的產品市場，也分出五類消費者，開始思考如何針對各類型的消費者分別提出訴求。比方說，假如你擁有很多支持派和游離派的消費者，你可以把產品以大包裝銷售，十二捲裝的衛生紙、二十四瓶裝一箱的飲料、六包裝的攜帶型面紙等等。這樣一來，你只要做一個銷售動作，就可以讓消費者好一陣子不必再買同類產品，也就不會買到你對手的產品。

可是，這招對於反對派是沒有效果的，而你實在也不必在他們身上多花力氣，因爲你可能會事倍功半。至於軟性反對派，他們是爭取得到的一群，但是上述大包裝法反而會讓他們興趣缺缺，不管你推出多麼經濟實惠的包裝，那些自認不喜歡你產品的人，不會因此就購買它。對於這種人，你要多用附贈包或試用包的策略，並提出誘人的購買動機，刺激他們下次再買。

而對於所有類型的消費者，你都必須嘗試新的區隔，提出更多購買理由，讓他們自己決定要不要喜歡你的品牌。

當然，在選擇行銷技巧時，除了考慮到基本的支持或反對立場之外，還要衡量其他的變數，更進一步了解消費者支持或反對的原因。舉個例子：委那瑞拉的飲料市場幾十年來一直是由百事可樂佔主力，佔有率達百分之八十，可是消費者屬於軟性支持，因爲眞正左右市場的力量，主要是配送通路。消費者比較容易買到百事可樂，所以比較認識百事可樂，而喝了以後覺得百事可樂還不錯。一直到可口可樂公司買下了委內瑞拉的裝瓶廠商，並推出了一個以棒球爲背景的廣告企劃案後，可口可樂討得此地民衆的歡心（和錢包），很快就佔有了百分之九十的市場。

有時候，消費者反對你，是因爲他們不喜歡你的某一個特點，或者是他們比較喜歡你的對手，但大部分時候，他們只不過是對於市場中的所有產品都認識得不夠深。我偶爾會把這種游離未決派的人稱爲「尚未受教育的一群」，因爲他們其實需要很多資訊。身爲行銷人的你，只要能給他們資訊，而且是正確的資訊，那麼他們自會做決定——決定來買你的產品。

沒有任何一種（或一組）策略可以在某特定範圍中，對所有的人都有效。而在你所採用的策略當中，大部分也都能在別的產品項裡引起某個程度的作用。因此，就算你知道了消費者忠誠度的高低，並不意味你就找到了萬無一失又立即見效的銷售點。你還是必須繼續讓消費者有理由購買並使用你的產品。而假如你能在考慮到忠誠度的同時，也思考消費者的使用頻率、年齡層、性別、種族等等因素，就更有機會提出成功的企劃了。

## 理由，理由，還是理由

你必須不斷擴大品牌的定義，讓大家曉得爲什麼應該來買你的產品：，就產品本身特色而言，爲什麼要買它？就產品外在屬性而言，爲什麼要買它？現在大家習慣上把消費者分成嬰兒潮族群、X世代、二字頭這一群人、Y世代等等，但這樣不夠。我常說，有一種族群是不分年齡種族職業性別的，他們叫做「W-H-Y世代」。是的，W-H-Y，why，爲什麼。因爲他們總會問你：我爲什麼非要買你的產品不可？

賣阿斯匹靈的人，一定會強調它能治頭痛；但是，除此之外，還能不能多告訴消費者一些什麼？產品有更安全的包裝？它不傷胃？總之，要一直提出新的理由，好讓消費者一直來買你的產品。

我曾經在一篇文章中讀到，假如你的房子現在是白色的，但你想維持白色，不願換別的顏色，那你每隔一陣子就得再漆一次白漆，否則經年累月下來，房子會變成灰色。同理，一個品牌如果想在消費者心目中保持新鮮感，就得時時更新產品的意涵與定義。假如你一路走來始終不變，哈，消費者就會逐漸習慣，視之爲當然，而你的品牌終將褪色，而銷售量也必漸減。

仲介商史瓦博（Charles Schwab）深得箇中三昧。史瓦博仲介公司從創立的第一天開始，就以「價格低廉的仲介服務」爲主要訴求，至今不變——可是，他們經常提醒你，有他們這家公司存在，他們可以爲你做什麼；然後增添新內容。你瞧瞧他們的廣告：我們是一家收費低廉的仲介公司，我們可以提供我們的研究心得。我們是一家收費低廉的仲介公司，我們現在上網了。咦，不對——你現在可能會質疑，史瓦博根本沒有增加新次元，他們只是一一列舉出他們本來就具備的特色。不過我要說，他們這樣做，是舉出更多讓別人願意喜歡他們的理由。史瓦博現在在網路上做得有聲有色，表示他們這一招確實見效。

**我們自以爲業務已經成熟了，所以成長空間有限——眞是大錯特錯！其實，那時候的我們只是懶，和別家公司的行銷人一樣。**

過去，可口可樂以爲大家都已經認識可口可樂了，我們實在沒什麼好多說的了。我們自以爲業務已經成熟了，所以成長空間有限——眞是大錯特錯！其實，那時候的我們只是懶，和別家公司的行銷人一樣。你永遠可以再對消費者說一些什麼話，永遠有辦法讓他們認同你的產品，拉近你的產品與他們的距離。那時候，可口可樂公司只採用四、五種定義或次元：可口可樂清涼、解渴、有氣泡、好喝、與聚會等交際場合有關。然後我們開始思考，該如何對消費者喊話；最後，我們得出三十五種與「永遠不變」有關的次元：可口可樂是生活的一部分；可口可樂了解我；很酷的人都喝可口可樂；可口可樂老少咸宜；可口可樂入口有一種刺辣的感覺，同時口味獨特；可口可樂有曲線瓶；可口可樂現代感十足，既好玩又有感情，而且單純、有容乃大、友善、立場不變、處處可見。

也就在這時候，我們開始借用體育活動爲行銷素材。我們並不只贊助體育活動，讓商標能在大體育場上露臉而已；我們藉由參與體育活動，讓消費者覺得我們參與了他們所喜歡的東西，因而產生親切感，並進一步生出情感上的連結。給他們看，他們就會記住。讓他們參與，他們就會了解。我們讓消費者參與了他們要的東西（對於體育活動的熱情），同時我們叫他們多多購買我們的產品。你知道我們在世界盃足球賽的廣告口號是什麼？「吃足球，睡足球，喝可口可樂。」（"Eat football, sleep football, and drink Coca-Cola"）。

懂了嗎？嘿，消費者可懂了。

此外，我們也推出新的電視廣告和促銷活動，在廣告和活動中，我們向消費者建議，在哪些時候該喝可口可樂：過新年和耶誕節時，喝可口可樂不是挺好的？禁食節期過後，用可口可樂來解禁，很棒吧？野餐怎能缺少可口可樂？喔，還有還有，小朋友買可口可樂有打折喔。

以前，可口可樂公司當然也用了不少廣告，但基本上的分類不夠細膩，也沒有刻意針對各個市場區隔提出適當的訴求。換句話說，以前可口可樂的廣告是單打獨鬥的，而不是依據一個策略來推出。雖然說可口可樂過去所代表的意義至今不變，然而環境變了，人事變了。所謂的忠誠度與親切感，容易隨時間而消失。一個公司必須把產品的定義擴大，否則，那個意義本身會逐漸自我縮減。

這種再定義與再更新的工作，必須持續不間斷，當然是苦差事。你每天都要給消費者一個理由，告訴消費者爲什麼應該買你的產品。而你也許會遇到不少障礙。首先，你的廣告代理商因爲不想花腦筋提出企劃新案，所以對你說，你需要的只是一支新的廣告，不是一項新定義。然後，設計產品包裝的人因爲愛上了自己的設計，或這設計剛剛得了個獎，於是他們說，不想做新設計。連你公司的管理階層也擔心，你老覺得不能滿足於現狀，但難道現在這樣還不夠好嗎。

儘管阻礙重重，你卻決不可放棄。儘管去做。多做。再做。爲了未來，必須如此。否則，眼前一切將會逐漸老化腐壞，一旦你的品牌腐朽了，你的銷售當然沒救。

## 重新定義，藉此擴大市場

星巴克咖啡店教了我們一件事：消費者要先認識你的產品才會去買它，但有時候，消費者倒可能因爲太熟悉某項產品了，反而不買它。我這話的意義是說，有時候大家認定，某項產品適用於甲用途，因此行銷人必須讓消費者知道，喔，其實該產品也有乙或丙的功用。這麼做也許很耗事，但結果很值得。

以星巴克咖啡來說，當大家都以爲自己夠認識咖啡時，星巴克冒了出來，提出新的解釋。星巴克說，所謂咖啡，可不是磨好的豆子用熱水沖煮而成的一種含咖啡因飲料而已；喝咖啡的時間，也不只是早晨起床後的必備飲料或飯後附餐而已；喝咖啡是一種感官的饗宴，當你想與人談天，想增添生活情趣，想放鬆一下或犒賞自己一回，這些時候你都應該來杯咖啡。星巴克說，假如你懂得這些道理，你可眞是個萬事通呢。

好啦，經過星巴克這麼樣重新解釋，不但把顧客從對手地盤中搶來，更使得很多原本不喝咖啡的人開始喝咖啡，把市場擴大了。

幾年前，GE Capital 也運用了這項做法。GE爲了擴大自己的卡車車種在租賃車市場的佔有率，原本著重於賣車，後來變成也願意出租。很多公司爲了省錢，寧可租卡車而不買一整隊的卡車。於是GE說，想租車？沒問題，你只要付錢，其他的管理、服務、排車班等等，我們都幫你做。GE讓消費者有更多理由租車，當然就吸引了很多新的消費者。

**一旦有人開始理解了你的產品或服務，就是你必須重新發明的時候。**

電腦公司也深諳其中道理。本來，文書處理器的市場很有限，但關於電腦能有什麼用途，一直有新的說法，電腦是辦公室必備設施，電腦是溝通傳播的工具，電腦有娛樂功能，電腦可當教育器材，電腦是購物資訊來源……等等。電腦市場擴大的速度，快得驚人。

務必記得一件事：一旦有人開始理解了你的產品或服務，就是你必須重新發明的時候。滑雪業最近的日子不好過，我認爲，這正是因爲消費者已經認爲自己非常清楚什麼叫做滑雪：滑雪這項活動意味著冰天雪地；而滑雪場通常在山裡，光是前去雪場就得大費周章了；滑雪又容易出意外，有時甚至釀成重大事故；而常常在一個家庭裡只有那麼一個人眞心喜歡滑雪，於是同行的家人往往大喊無聊。這些原因，每一項都是滑雪業的障礙。

滑雪業者必須重新定義滑雪活動，讓一趟滑雪之行也能有某些好處可以吸引不愛滑雪的人；有的好處是現成的，只需要多加強調或換個好聽一些的說法。例如，假如去一趟滑雪，同時能吃到美食，能在水療中心（Spa）嬉戲，還能購物，豈不美妙？我敢打賭，一定有很多人會感興趣。

爲了達成銷售目的，你必須時時提出理由，讓大家覺得，啊，我要買那個東西；啊，我要去享受那個東西；我要去學它；我要吃到它。提出理由之後，你必須以有系統的方式測試你的理由，找出最能讓大家實際採取消費行動的那一條理由或那一些原因。

就和我在這本書裡的其他章節一樣，在此所談的次元化不是新東西，但我所討論的深度和所要求的持續程度，你可能是第一次聽到。你必須時時刻刻以消費者爲念，你必須時時努力找出新方法來吸引他們購買，如此你才可能多了解消費者一些。永遠不要忘記：你的目的不是讓消費者覺得開心或有意思，而是要賣出東西。

## 注意轉換率

那麼，怎麼樣時時把焦點放在眞正能賣出東西的事情上？有一個很好的方法，那就是把「轉換率」（Conversion rates）當成一項主要測量目標。怎麼測量？零售商用數人頭的方法，看看進店裡來的人當中，有幾個人最後會買東西。速食業者則計算來店購買高利潤商品如薯條和飲料的人次。爲了吸引消費者上門，你製作電視廣告並播放，也做促銷活動，這些做法的成本都很高，一旦消費者踏進店裡了，表示他們起碼對你感興趣，否則不會進來，那麼你實際的銷售情況究竟如何？你該做些什麼來促成銷售？

不用說你也知道，只要是上門的顧客，就是可能會買東西的顧客，而你能把愈多個潛在顧客轉換成實際購買顧客，你的初期行銷支出就愈有效率。

**不見得你每一次招呼，他就每一次都來，但你招呼他了，那麼他來的次數會比你不肯叫的時候多。**

提高轉換率的方法很多。假如你屬於店頭銷售，就可以採用店頭促銷。另一個方法是讓消費者容易購買，這意思是說，店裡要有受過訓練的店員，店員人數也要充足，由他們來幫助消費者輕鬆找到想要的東西。當然，你的結帳人員也要足夠。假如你是做郵購的，你就要有足夠的接電話人員，並且提供迅速的郵寄和退貨服務。我還要建議郵購業者，必須做到讓收到郵購目錄的人眞的打開目錄來看，並找人打電話詢問：「請問您有沒有受到我們寄出的目錄？……順便告訴您，如果您在今天起的五天內購買我們的商品，可以用優惠價訂購或得到贈品。」我自己有過經驗，我打電話給郵購公司買一種面罩。接電話的小姐態度眞好，而且她從資料中看到我過去的訂購記錄，就向我介紹好多其他我可能也會感興趣或需要的產品。結果，我本來只要買一個東西的，卻買了一大堆。

當然，今日大多數的銷售並不在電話中進行，銷售人員也無從得知消費者過去的購買記錄，然而，隨著網路購物日漸流行，消費者的個人資料和購物記錄可以逐一記錄下來。就算你現在沒有這種消費者購買記錄，你也要把這方式當成未來發展方向。將來，有效的銷售方式，將會變成針對更小的市場區隔，並且依據他們的需求來修訂你所提供的產品。

以當紅的戴爾電腦公司（Dell Computer）來說，這家公司從一開始就做到完全根據顧客的需求與指定，在個人電腦當中配上顧客所需要的零組件。

最後，還要提一種非常簡單明瞭的銷售方式：開口叫消費者來買。你花了幾百萬元打造品牌與公司形象，給了大家各種理由來買你的東西，假如你不站出來，開口說出「來買我的東西」，那麼一切白搭，徒然把顧客拱手讓人。

話又說回來，那些眼高過頂、自視有藝術氣質的傳統行銷人，大概不肯輕啓金口吧。他們也許不願承認行銷的任務在於銷售，而且不希望在自己的行銷工作無助於銷售時，被點名要負起責任。但是呢，不管你喜不喜歡聽，我都要告訴你：事實上，得了獎或高格調的廣告作品並不重要，眞正重要的是銷售數字。所以，假如你開口叫消費者來買，他們眞的會來；當然不見得你每一次招呼，他就每一次都來，但你招呼他了，那麼他來的次數會比你不肯叫的時候多，而這表示，向你對手買東西的人減少了。

# 7
# 往有魚的地方捕魚

## (願意＋需要) ×有閒錢

一般人處在經濟狀況吃緊，心情不安的時候，
會只購買他絕對不可或缺的物品；
你當然希望自己的產品是那不可或缺的一員，
不管缺了你的產品是不是就眞的活不下去。
所以，你得不斷對消費者喊話。
假如你在壞年頭還能說服消費者來買你的產品，
表示他們確實認爲你的產品有價值。
等到熬過這段日子，光景好轉，
消費者會記得他們自己當初如何珍視你的產品。

九〇年代初期，可口可樂公司和許多西方世界的大企業一樣，一頭栽進俄羅斯、東歐、中亞等地，花錢開發這塊西方消費產品的新生地。我們大興土木，建起工廠，買下卡車，建立配銷系統，赫，我們忙得可眞帶勁兒。我們以爲，這兒的上億消費者如飢似渴，等著喝可口可樂呢。

呃，到頭來發現，我們錯過了大好機會。

錯失良機的不只是我們可口可樂公司。後來，外國公司紛紛解除土地使用方面的合約，從這塊昔日的共黨地區撤退。因爲，我們都錯了，我們落入了一個夢田式的行銷理論中：只要你把配銷系統建立起來，把產品準備好，大家就會來買。

誰說的？騙人。

現在回顧，我可以大聲說，西方消費企業鹵莽闖入東歐與中亞，只是又一次純粹出於數字計算的實驗之舉。在那些地區，看起來的確有機會，可以放手一試。我現在也可以指出，在當時那種氣氛和環境之下，可口可樂公司不容許被對手搶得先機；萬一他們搶灘成功，那麼日後我們不管做多大的投資，都晚了一步。然而，可口可樂公司在此事上所犯的大錯，不在於冒險嘗試眞正的全球化，而在於自己沒有把功課作好，在不認識這塊市場的情況下就貿然行動，而所採取的行銷動作也不夠積極。

## 錢在哪裡?

我們一定要記住一件事：在擴大市場的時候——不管是進入一個全新的市場或推出一項新產品，絕對不可以因爲市場就在那兒，或產品已經生產出來了，就大意行事。做投資的人，絕不會爲了湊足投資組合的要求，而不考慮某支股票的獲利情形就隨便買下它。同理，你絕對不可以在還沒有縝密考慮如何獲利的情況下，就進入一個新市場或推出新產品。

打算進入新市場時，你最先要考慮的問題是：消費者願不願意買你的產品，或消費者需不需要你的產品。換句話說，問題不在於這塊市場當中有多少潛在顧客，而在於市場中有多少個可能會要你產品，而且手上有錢的人。

多年前，印度政府要求可口可樂公司交出可樂配方，可口可樂公司不答應，於是被迫離開印度。後來，經過多方努力，我們再次進入印度市場，摩拳擦掌，準備在這片有十億人口的大地上一展身手。後來我們才發現，這十億人沒有閒錢購買可樂之類的消費品。除非印度人手頭多出一些錢，否則印度不會成爲任何消費品的大市場。東歐的情況也一樣，我們那時候太不夠謹愼了，沒有細估獲利的可能性，才會草率投資。

## 最大的潛力，就在自己家裡

多年來，許多公司在打算跨足新市場時，總想藉由拓寬通路或經銷系統的方式來追求成長——假如你的目標是要達到最高的投資報酬率，擴大經銷系統可不是聰明方法，你反而應該先把焦點放在最具有潛力的市場（通常，它就是你現在所處的市場），致力於從中獲得最大利潤。在現有市場當中獲得了最大利潤之後，再考慮進入其他市場。切記：爲了賣出東西，你需要的是有購買意願又有錢的消費者。這正是我所謂的「往有魚的地方捕魚」。

可口可樂公司要不要到別的國家開拓戰場，好讓事業擴大，內部人員吵得不可開交。這時，葛瑞巴說出很棒的話：「全世界每一個人每天要攝取八大杯的水，其中只有四分之一杯是可口可樂的產品。」

以前，我們以爲，把四分之一杯乘以五億六千萬人，等於一塊有潛力的市場。葛瑞巴這話的意思是說，不要只想著爭取更多的人來喝可口可樂，而要思考如何讓已經在喝可口可樂的人多喝一些可口可樂，少喝些別的產品。而他這話也表示，在我們已擁有的數十億顧客當中，仍然有一大片值得開發的市場。

我一向認爲，現有市場比新市場更可能創造銷售佳績。因爲你的產品在現有市場已具有知名度，連不買你東西的消費者都認識你的品牌，所以你不必再花費精力和金錢重新介紹自己；但更重要的也許是，在現有市場中，你更有機會把東西賣給本來就購買你產品的人。

**把東西推銷給那些自認需要或想要你東西的人，賣出去的機會，高於推銷給不需要或不想要你東西的人。**

假如一個市場裡的人對你的產品絲毫不感興趣，或從來不考慮購買你的產品，你在這市場裡的打擊率，當然遠低於在另一個有人經常購買或偶爾購買你產品的地方。想一想：假設你賣的是衛生棉，那麼你是要到一個有一百名女性的市場去呢，還是去一個有一千名男性的市場？當然是有一百個女性的市場。也許這例子不盡恰當，畢竟男性本來就不需要用衛生棉，但概念仍然適用：把東西推銷給自認需要或想要你東西的人，賣出去的機會，高於推銷給那些不需要或不想要你東西的人。

我前一陣子到滑雪產業的某個活動場合去演講。滑雪業者在研擬一套策略，想把滑雪運動推銷給不滑雪的人。我覺得這想法完全沒道理，於是我建議業者改變策略，不如先想辦法吸引本來就從事滑雪運動的人多多滑雪。

我們很容易被眼前需求遮蔽，因而不明白這個道理。對於像可口可樂這種老字號的產品，進入新市場很容易帶來短期成長，因爲一個老牌的產品在別的市場當中通常也有知名度，也就多少能吸引需求；但若想藉由進入新市場來建立持續的需求，是吃力不討好的事。你大可以在既有市場中運用現有知名度，達到更好的銷售成績。你當然要在既有市場中努力增加消費人次，提高每人消費次數；你也要說服消費者放棄別家產品，改買你的產品，但這些努力所得到的回報，會比你企圖讓毫不感興趣的消費者改變態度來得好。

然而，我可沒有說，增加消費人次和提高每人消費次數是件簡單的差事；事實上，品牌日漸成熟以後，銷量會比較難提高。這時，必須擴大品牌定義，想辦法接觸到目前不買你產品的消費者；你還必須讓已經常常購買你產品的顧客多擁有一些購買的理由──儘管如此，成功的機會仍然高於進入新市場。

## 建立每一個品牌的損益表

那麼，究竟要到什麼時候才能說：「現有市場已經飽和，也許進入新市場才是對的？」

你又該花多少錢做這件事？

我前面說過好幾次，歸根結柢，這一切都要問你自己：我能不能從新市場中賺到錢？到什麼期限一定要賺錢？賺多少？換句話說，你必須針對每一個品牌提出一份各個時期的損益說明。

我的看法是，你可以盡量花錢，花到你的投資報酬率所能允許的底線。所以，你要根據投資報酬率來判斷，到底該不該進入新市場；你要計算出在新市場裡的利潤情況如何，拿這數字與你現有市場的利潤比較一番。**十次裡有九次，我寧可把錢放在現有市場裡。**

同樣的道理也可以用來說明進入新的國家時的情況。你必須了解各種數字並善用數字。可惜，很多公司儘管把銷售數字算得頭頭是道，一天銷售量、每小時銷售額，甚至要算出每分鐘銷售量，但他們在對照銷售與開支的時候，往往以三個月或甚至更長的時間爲一期來計算。這造成他們並不清楚錢花在哪裡，以致不知道所花的錢到底有沒有效果。更糟糕的是，他們把所有開支放在一塊兒計算，所以他們也許知道整體的損益情況，卻不知道哪些活動或開支是有效的，哪些是浪費掉了的。在可口可樂公司，每一個品牌有一份獨立的損益表，以一個月爲一期，有時候單獨爲一個活動做一份損益表。我們要這麼做，前提很簡單：既然花了錢，你就得把錢賺回來。爲了知道開支與營收狀況，你必須做損益報告，而且要經常提報。

## 在動盪的市場中加速

特別是遇到市場動盪的時期，更要有清楚明白的損益報表，因爲你遲早要憑藉這些損益表來判斷，到底整個市場眼前的光景只是一時的問題，還是一直在走下坡，你最好及早收手。當一個市場或一個經濟體的表現驟然下滑時，你一定要先撐住，不可以削減開支。在動盪的市場時期，你不但要保住原有消費者，你還要知道：混亂的時期，正是成長的時機。

怎麼說呢？其一，當衆人不知何去何從時，你正好跳出來告訴他們該怎麼辦；其二，在不穩定的時期，你的對手們可能都會削減開支，你正好趁機擴大市場佔有率。

**一般人處在經濟狀況吃緊，心情不安的時候，會只購買他絕對不可或缺的物品；你當然希望自己的產品是那不可或缺的一員。**

一九九四年，我在一個山上的滑雪勝地聽到有人說，墨西哥的貨幣貶值——我馬上衝下山，打電話給可口可樂公司總裁伊維思特，我說，我們應該進入墨西哥市場，因爲我們的墨西哥經營者一定會立刻縮減行銷開支，萬一這樣可慘了。伊維思特表示同意。我們會做出這個決定，是因爲我們知道，墨西哥民衆將會惶惶不安，生活會產生巨變。有錢的墨西哥人，沒辦法就近去德州休士頓的高級百貨公司購物，也開不起進口車，不能使用美國大哥大，因爲這些東西的價格都在一夕之間變成原先的兩倍。至於窮一點的人，可能連三餐都成問題。

這時候，我們民生消費品產業所要爭取的，就不再是市場佔有率或偏好佔有率了，因爲墨西哥消費者的收入有限，所以我們要看誰能讓他們掏出口袋裡的錢。而這會兒可不只是同類相爭而已，我們是在與墨西哥市場中所有的產品與服務競爭。所以，我們此刻的任務是快快進入，確保墨西哥消費者還記得要買可口可樂。

我們的墨西哥經營者也和他們的同胞一樣，面臨動盪不安的生活，所以我們很能理解他們的立即反應是要樽節開支，於是我們擬出一份「周轉」計畫，減少了某些支出，但維持曝光率。結果，一九九四年，可口可樂在墨西哥的成長是同業的三倍。隔年，我們保持活動，與消費者溝通，告訴他們爲什麼應該買我們的產品，所以在一九九五年也是突飛猛進。

好可怕的策略，是吧？我們的確必須暫時刪除某些開支，但因爲我們做出了很棒的損益報表，所以始終能掌握自己的進展，知道哪些方式有效哪些無用，而能解決問題。

如果能在動盪時期保持行銷預算，還會有一個附帶的好處：產品增加了附加價值。這甚至意味著你能提高產品價格。一般人處在經濟狀況吃緊，心情不安的時候，會只購買他絕對不可或缺的物品；你當然希望自己的產品是那不可或缺的一員，不管缺了你的產品是不是就眞的活不下去。所以，你得不斷對消費者喊話。假如你在壞年頭還能說服消費者來買你的產品，表示他們確實認爲你的產品有價值。等到熬過這段日子，光景好轉，消費者會記得他們自己當初如何珍視你的產品。

## 新人亮相，需出新招

說到該不該推出新產品，我的論點一如我對於進入新市場的看法。推出新產品的原因只能有一個：你想賺錢。假如你做了損益報表，很有把握一定能用新產品來提高利潤，那麼盡可大膽嘗試。但假如你只是因爲看到對手推出新產品，就想著是不是也該弄個新產品，那你就落入舊式的行銷思考模式了。

不要以爲對手比你聰明，懂得比你多，也不要傻傻跟著對手進入一個新產品的市場，你這樣反而是在幫對手的忙。

只爲了有新產品而推出新產品，是不用大腦的偷懶做法。一個新產品假如不能爲你開拓某個已經長期耕耘的市場，它就不值得推出。新產品假如不能爲你補充現有品牌的不足，就要直接或間接進入全新的範疇。而且你不可以等到發現現有品牌已經無法再延伸，無法滿足新消費者的需求（或現有消費者的新需求）了，才決定要推出新產品。

的確，新產品能夠達到現有品牌所做不到的一些地方。前面談過一個品牌的免疫系統；假如你想加入檸檬汽水的戰場，你不能推出可口可樂檸檬汽水，因爲這樣不會賣，你必須推出一個檸檬汽水產品。那你要不要利用可口可樂的商標優勢呢？這要看你這個商標本身的彈性夠不夠，進不進得了新市場。以可口可樂來說，這個商標進不了檸檬汽水市場。

同樣的問題，會發生在當你想以現有品牌爲基礎，推出像雪碧這種新產品，或像健怡可樂這種延伸性產品的時候。在推出產品之前，你要先確定，新產品確實擁有與舊產品截然不同的特性，同時你還要保持舊產品的既有定位。

# 不要有了新人忘舊人

放眼當今市場，回顧過去發展，把產品延伸得最成功的品牌當屬美樂啤酒。喝啤酒的人，喜歡與酒友歡談暢飲，一喝就是幾個小時。當初美樂啤酒公司發現，啤酒族在八到十罐下肚之後就差不多了，這造成啤酒銷售的瓶頸。於是美樂公司判斷，假如能生產一種喝下肚後比較不會有飽漲感的啤酒，應該可以提高銷量。

當然，美樂公司可以爲原有產品重新定義，把主力產品「美樂啤酒」(Miller High Life)重新定位，說「美樂啤酒」不像其他產品那樣會讓人覺得肚子飽漲。可是「美樂啤酒」在市場上很受歡迎，所以美樂公司決定推出新產品。於是美樂公司打出「好味道，不佔肚」("Great Taste, Less Filling")的廣告，推出了「美樂 Light」(Miller Light)，這個酷勁十足的新產品，成爲市場新寵，銷售量快速成長。

可惜，美樂公司爲了「美樂 Light」忙得不亦樂乎，公司上上下下都對這個新產品疼愛有加，卻忽略了公司其他產品。美樂公司說，「美樂 Light」有個很棒的特質，喝了它不會肚子漲，但沒有告訴消費者原來那個「美樂啤酒」的什麼地方仍然値得欣賞，更沒有告訴那些不在乎肚子漲不漲的人，爲什麼應該喝「美樂啤酒」而不是喝百威、海尼根、可樂娜。「美樂 Light」的情況一如其他新產品的推出，造成市場重新洗牌，而美樂公司對此竟置若罔聞。嘿，美樂公司自己製造了變動，卻不回應這個改變，原本的「美樂啤酒」的銷售當然就慢慢走下坡囉。

糟糕的事還在後頭。美樂公司猶自得意洋洋，認爲自己開拓這一片新產品市場的工夫眞是要得，這時，生產百威啤酒的安懷瑟布許公司（Anheuser-Busch）跑出來，以百威啤酒的實力爲基礎，推出了「百威 Light」（Bud Light），然而同時又重新定位百威啤酒，進一步吸收了「美樂啤酒」的市場。既然美樂公司已經建立了 Light 啤酒的市場，安懷瑟布許公司就不必在這部分花力氣。美樂公司努力把啤酒與其他產品——包括自己的「美樂啤酒」——做出區別，而消費者也已經接受了 Light 啤酒不同於其他產品之處，於是安懷瑟布許公司可以說：「嘿，你可以喝到既不漲肚又是熟悉口味的百威。」我把「百威 Light」稱爲「有在職身分的篡位者」：以 Light 啤酒來說，「百威 Light」冒出來挑戰已小有地位的「美樂 Light」啤酒，然而「百威 Light」啤酒又保有百威的原有實力，畢竟百威是最受美國人喜愛的啤酒品牌。情勢若此，美樂公司竟還在爲初期的成功沾沾自喜，沒有採取對策。結果，當安懷瑟布許公司進一步告訴消費者「別只說要 Light 就好，請指名要百威 Light」（"Don't ask for a Lite, ask for Bud Light."），消費者言聽計從。

## 有在職身分的篡位者

百威在 Light 啤酒這項產品上所做的事，經常在牙膏市場發生。在牙膏市場裡，只要出現了某項新的特色，或某個老產品提出了改良，所有公司馬上延伸出一種包含新特色的新產品。

在美國牙膏市場中，多年來是兩雄稱霸的局面：高露潔（Colgate）與奎斯特（Crest）。高露潔說它能讓你牙齒潔白；奎斯特則取得美國牙醫協會的認證，證明它可有效防止蛀牙。然後，冒出個凝膠狀的「特寫」，宣稱「不但能讓牙齒潔白，更能使口氣清新」，這是個強有力的主張，果然打下一大片城池。

不多久，高露潔與奎斯特雙雙推出凝膠狀的產品，說在原有的好處之外，也能和「特寫」牌一樣，讓牙齒潔白，氣味清新。然後，出現了有擠壓頭的牙膏產品；然後，以生產蘇打粉出名的臂與鎚公司推出了含蘇打成分的牙膏。每一次，寶鹼公司與高露潔都輸人不輸陣，擠進戰場。可是最近高露潔展開攻勢，推出了「高露潔完整版」（Colgate Total），集凝膠、蘇打成份等所有特色於一身，號稱能防蛀牙、清新口氣、減少齒垢、去除牙菌斑。當對手提出某個好點子後，這一招以在職身分進行篡位的策略實在管用，所以有太多行銷人以爲，這樣做就綽綽有餘。但他們錯啦。

到頭來，你畢竟必須採取主動，佈下戰局，不能只以參賽爲滿足。你的產品或市場再棒再厲害，也不會是完美無瑕的；**永遠有進步的空間**，可以繼續讓牙齒更白，髮絲更柔順，讓頭痛更快解除。籌碼的增加沒有上限，所以，你最好是那個提高籌碼的人。

## 掉入量多量少的陷阱

當你打算提高籌碼時——不管你的做法是推出新產品或爲舊產品重新定位——有件事兒你一定要牢記在心：你的目的在於賺錢。針對要不要推出新產品，可以引起各方人士鏗鏘有力的討論，你常會聽到很多人說，推出新產品是爲了阻擋對手的攻勢，或冀望新產品能增加銷售量；而這種說法最常引起的反駁是：新產品反而會害死舊產品。我說，上述的兩方意見都不盡正確。對手有那麼重要嗎？假如你對手的動作搶走了你的生意，或者把你打算列爲囊中物的業務給搶走，這時候你才需要在意對手。

再說銷量的問題，這事實上根本不成問題。新產品可能會騙人：它往往能帶來銷售數字，但根本不賺錢。然而，你的目的在於賺到實際的錢，而不是只管銷量而已。可口可樂公司有一項產品叫芬達（Fanta），是很棒的產品，也可能是公司裡最被誤用的產品。

當我們想增加新口味或提高銷量時，我們就推出新口味。可是，我們所推出的新口味像沙士、蘋果、木莓等等，都牴觸了品牌的基礎構造，因爲芬達基本上是柑橘口味的東西，入口的感覺刺辣好玩，屬於小朋友喜歡喝的東西。我們所推出的新口味，破壞了品牌的整體感，減弱了品牌的認同感。新口味當然能立即提高銷量，可是我們一看損益表，發現儘管銷量增加了，但品牌的整體獲利程度竟然很快就降低。若不趕緊懸崖勒馬，到最後可能一毛錢都賺不到。

且看速食業的例子。麥當勞、漢堡王和溫蒂一心追求量的成長，忙著開設一大堆分店，看著客人進店裡來，心中高興。然而，速食業者忘了，投資設立分店的成本實在太高了，他們要在分析了增設分店的經濟效益後才發現，非但沒有爲公司增加價值，反而減損了價值。

別忘記一件事：我們要的不是量增加了卻沒有帶來利潤；我們要的是藉由量的增加而帶來利潤的成長。

## 吃掉對手才要緊

假如你覺得，自己現有的品牌遲早會被吃掉，那麼你的確應該稍微擔一點心；但是你不必擔心，推出了新產品會把自己原有產品的銷量給吃掉。因爲，假如你原有的品牌不夠強，你的競爭對手老早就想出辦法把你產品給淘汰掉了。而萬一你的舊品牌眞的減少顧客，你也不必憂慮，反正是把顧客讓給了同樣屬於你公司的產品，而不是對手的產品。

思考這個問題時有一個關鍵：你究竟是想藉由推出新產品來提高獲利，還是想經由拓寬舊產品來獲利？當然，最好是雙管齊下。因爲，新產品的確很可能會搶走若干舊產品的銷量，所以，這時你需要預先估算，到底新產品會不會同時也把對手的銷量搶一些過來，還是新產品會擴大市場，使得所有競爭者的利潤都增加。在這節骨眼上，你就必須進行嚴謹縝密的消費者研究，仔細評估利潤將會來自何處，然後，從可能獲得的收益來看，你必須判斷這是不是一項値得進行的投資。

可口可樂所推出的櫻桃可樂，正是一個新產品吃掉舊產品市場的例子，但是這項投資整體來說是很値得的。可口可樂一向強調自己的可靠與慰藉，而百事可樂把自己定位成大膽新奇的產品，既然如此，我們就把櫻桃可樂定位成可口可樂的淘氣小表妹，在廣告中用跳飛機的人來表現淘氣的味道。以可口可樂與百事可樂的定位來看，櫻桃可樂最可能吸引的人，是那一個習慣上喝百事可樂的族群。可口可樂的確因爲櫻桃可樂的推出而流失了若干顧客，但百事可樂的損失更慘重。而整體來說，我們可口可樂公司的銷售與利潤都增加了。

## TACOS行銷公式

櫻桃可樂的目的在於打擊百事可樂，但健怡可樂則背負了另一樁任務：拉抬公司的整體市場佔有率。我們在判斷可不可以推出健怡可樂時，採用了一種我稱爲「它可是」（TACOS）的思考模型；這是我在別家公司當顧問時發展出來的思考法。

所謂「它可是」（TACOS）指的是：商標（Trademark）＋範圍（Area）＋給顧客的選擇（Consumer Offering）＝成功（Success）。

仔細一點解釋。這是說，把你的商標與競爭對手的商標相比，相較之下的你商標的大小，加上你打算進入戰局的區域面積大小，再加上你提供給顧客的選擇或獨特銷售主張的大小，等於你成功的幅度。我們根據這一條等式，算出健怡可樂比透明太柏厲害。

太柏是一個小牌子，小有名氣但不算有魅力，被擺在硬碰硬的低卡飲料市場裡與其他產品競爭；這個市場屬於中型市場，約佔全部非酒精飲料市場的百分之十。而太柏所提出的獨特賣點，是熱量低，喝了不發胖；太柏約佔非酒精飲料市場的百分之四。在太柏所處的市場裡，遇到兩個百事公司的產品：一個是低卡百事（Diet Pepsi），一是有檸檬味的清爽百事（Pepsi Light），這兩項產品共同佔了百分之四點一的市場，比太柏稍微大一些。

我們用前面說的「它可是」模型整個看了一下，百事公司的業務範圍（A）和太柏一樣大，給消費者的選擇（CO）也相同，但是百事公司的商標比太柏大多了，所以，百事公司在這個市場的成功幅度也就大得多。既然如此，我們決定，在這個低卡飲料市場裡所推出的產品，要把太柏的商標換掉，改冠上可口可樂的商標。

在非酒精飲料市場裡，可口可樂的商標當然比太柏大很多很多，所帶來的成功度也相對的高很多。至於業務範圍，還是一樣的百分之十，不過我們推估，一旦我們的低卡產品——也就是健怡可樂——進入這個市場，會把市場擴大許多。然後，在給消費者的選擇方面，我們改弦易轍，不再強調低卡，而提出一種新口味，也就是說，健怡可樂的獨特賣點，在於只叫消費者來喝它的獨特味道。這個獨特賣點得以成功推出，全靠人工甜味製造技術的問世，而這技術的確讓低卡飲料的市場為之改觀。有了大商標和比較大的消費者選擇，我們認為，業務範圍會擴大很多，所以能獲得大成功。終於，我們達成結論：只要靠健怡可樂，我們就能吃下百分之十的市場。

推出健怡可樂的原始目的，是希望在低卡飲料市場的佔有率加倍成長，而讓我們的整體非酒精飲料市場佔有率達到百分之五十。結果，健怡可樂所拿下的佔有率是太柏的兩倍半，也就是百分之十。

**有時候，按兵不動才是上策，然而，也些時候，就算新市場看起來沒有道理，你也要加入戰局，奪取主導地位。**

另外，無甜味啤酒（dry beer）的上市，也可以說明「它可是」思考法的力量。無甜味啤酒所含的酒精濃度比正常啤酒高一些，最早出現的產品是日本札晃公司（Sapporo）的Super Dry。在美國，最先問世的無甜味啤酒是百威的Bud Dry。美樂公司見狀，也躍躍欲試。我那時候在爲美樂工作，就用「它可是」思考法來想這件事。我們知道，美樂的品牌大約是百威品牌的一半大，而這個無甜味啤酒的市場非常非常小，也實在提不出幾個獨特賣點。前後加一加，小商標，小範圍，小選擇，美樂公司假如加入戰場，賺不了多少錢。於是，美樂公司決定按兵不動——這並沒有讓百威的無甜味啤酒在市場中坐大，我們反而見到整個無甜味啤酒的市場逐漸縮小，終至消失。

有時候，按兵不動才是上策，然而，也些時候，就算新市場看起來沒有道理，你也要加入戰局，奪取主導地位。前面談過晶瑩百事的例子，也說到可口可樂公司如何處理透明太柏的問題，如何搶走市場的麥克風，取得發言權，把百事公司的加糖產品逼進低卡飲料的市場。一旦我們搗蛋成功，把消費者搞迷糊，把市場弄死了，我們就算達成任務。同理，美樂公司換了一個角度來看待百威的無甜味啤酒，轉移了百威公司的焦點，讓百威公司忘了自己的百威大品牌，而只關注小小的無甜味百威。美樂公司這個舉動很聰明，並且是根據損益表深思熟慮後所做的決策，而非反射動作式的盲從反應。

## 找出SOB

這一章談到這裡，有一個基本態度：絕不可偏離底線——事實上，這整本書的基本態度也是如此。你所採取的任何一個動作，包括考慮要不要進入新市場，或者要不要推出新產品，都必須以一個問題爲思考的基礎：這項投資如何讓我得到最大的好處，賺到最多的錢？我在思考答這個問題時，有一套SOB思考法。

SOB，Source of Business，業務來源。誰會來買你的產品？這些人的錢從何處來？在推出新產品時，你必須想想，假如這些人開始買你的東西，那表示他們可能不再買某某品牌的東西，那麼，是哪些東西他們不打算再買呢？這也就是說，推出新產品，是一種零和的遊戲，有人贏，就一定有人輸。

有時候，新產品的確可以闖出全新的市場，例如電腦；有時候，新產品可以把原有市場擴大，像健怡可樂。不過，就算新產品會讓市場成長，它在剛剛上市時，銷售量卻還是來自其他產品原有的銷量。這表示你必須問自己：你要給消費者的這個東西，比市場上現有的選擇項更能吸引消費者嗎？假如是，那麼，其它產品當中是哪一項產品將會落敗呢？是你的產品，還是別人的產品？

**你必須……確保你所設想的企劃案確實可行，環境的確允許這個想法實現，而不只是一廂情願倚靠消費者的意願和購買慾望。**

就算是一項看似革命性的新產品，一開始也是從別的市場發展起來的。例如「立可貼」自黏便條紙（Post-it），這項產品確實帶來嶄新的行爲，拓出全新的市場，但事實上，自黏筆記紙取代了筆記本，讓你用比較有效率的方式做事。自黏便條紙拓寬了產品的定義，開拓了使用範圍，可是它把另一項原有的產品淘汰出局了。

在SOB思考當中，也要注意「往有魚的地方捕魚」。因爲就算你的產品有潛力，而且消費者也需要它，想要它，但假如消費者沒有錢，一切都是空談。所以，你要找的是人民有錢可花的國家;所以,你要觀察各國的政治與經濟狀況。你要了解,這個國家的政府新近是不是採行市場經濟?它的國民生產毛額和國民生產總值的預期成長是多少?它的經濟成長能為國內大多數的人民帶來多少收入?你必須把這些問題放入思考,以確保你所設想的企劃案確實可行,而環境也的確允許這個想法實現,而不只是一廂情願倚靠消費者的意願和購買慾望。

太多行銷人不思考我所說的這些,以為自己的新產品會變魔術,只要推出就能大賣,根本不經過深入思考就一頭栽下去。給各位一個小小建議:想一想你的業務從哪裡來,因為這個業務來源會幫你把品牌扎下基礎,讓你理出頭緒,知道怎麼做才能切中市場。

## 潛力在哪裡

我以前以為,行銷人的責任在於掌握市場中的所有成長:市場自身的有機成長、因為經濟起飛所帶來的成長、經由競爭所刺激出來的成長、自己所衝刺出來的成長。假如能完全掌握這些類型的成長,佔有率當然會增加。現在,我覺得這樣還不夠。假如眞的想賺盡所有的錢,就必須連「潛在的」成長機會也掌握住——這是理想,但永遠做不到,我知道。不過,「取法其上,得乎其中」,以此為目標,可以讓你用嶄新的眼光看問題。

至少，把眼光擺在潛在市場上，讓你思考到底「潛在的市場在哪裡」，而你究竟是在和什麼東西爭奪消費者手中的錢。在日本賣飲料，要與綠茶和咖啡爭寵；在愛爾蘭，你就是和啤酒競爭；假如進入俄國等發展中的經濟體，就要與巧克力棒、雜誌等等物品競爭，看誰蒙消費者青睞，讓他掏出口袋裡僅有的一些些錢。萬一你跑去印度這一類的貧窮社會，所有東西都是你的對手。

最適合說明這種競爭手法的例子，是速食業裡的塔可貝爾（Taco Bell）。這家連鎖速食餐廳剛出現時，以墨西哥玉米捲（taco）爲主要商品，所以被一般人定位成販賣墨西哥食物的餐廳；塔可貝爾所鎖定的潛在顧客群，主要是平常就喜歡墨西哥食物的人，以及其他偶爾想換換口味的人。產品本身決定了市場：吃墨西哥玉米捲，還是吃漢堡或披薩？這麼一來造成一個麻煩，大家把塔可貝爾與其他賣墨西哥菜的餐廳當成同一類的東西，但問題是，墨西哥菜的餐廳可以很高級，在這一點上，塔可貝爾居於劣勢，市場很小。

於是，塔可貝爾換了一個角度思考，也重新看待自己所處的競爭市場，然後找到一塊全新的潛在市場和一個新定位。塔可貝爾不再與墨西哥餐廳競爭，而把自己放在與麥當勞、漢堡王、肯德雞等速食餐廳的範圍裡。接下來，塔可貝爾以「低價」和「快速取得食物」這兩個特點，重新定義了吃速食的經驗：塔可貝爾推出了售價四毛九美金（約合台幣十五元）的玉米捲餅，讓消費者覺得，原來速食可以是這麼一回事。結果，塔可貝爾改變了速食市場的基本構成，爲這個市場帶來衝擊——你一定享受到了因此而來的好處，因爲，其他速食業者也跟著降價。

## 以成長爲目標

把話說穿了，我們的目標和不容質疑的肩上任務，還不就是「成長」二字。不管你引進任何新事物，推出任何活動，假如不能帶來成長，一切都白搭。我們閱讀、做研究、自我教育，爲的不就是成長？賺錢也一樣，當你想著要賺更多錢，你就是在追求營運上的成長。假如公司裡的人對你說：「我們必須捍衛自己品牌在市場中的定位」，快叫這人捲鋪蓋走路；假如你的廣告代理商說：「我們會想辦法穩住你的品牌」，這種廣告公司不合作也罷。你要的，是那種有想法有遠見，以成長爲唯一前提的人。沒有成長的公司，和不求成長的人一樣，很快就是死水一灘。

那麼，如何成長？首先，你要尋找機會點：

你如何重新定義你的品牌？如何重新定義你所處的市場？

你如何在你的產品——不管是肥皂或香菸或飲料或啤酒——當中，找到像維京航空所提供的修指甲服務那種創意？

你如何用一套全新的方法，找到另一個像「新力三槍映像」（Sony Triniton）或「內裝英特爾晶片」（Intel Inside）的東西，賦予你的產品全新意義？

你如何見微知著？

**你可以到新的國度開疆拓土，但絕對不可以犧牲掉原有品牌在既有市場當中的潛在獲利可能性。**

當你嘗試著回答這些問題，有時就能帶領你進入新市場。一旦你現有的市場達到飽和了，就要另闢戰場，但是你又要找到一個方式，在舊市場與新市場之間取得某種平衡。你可以到新的國度開疆拓土，但絕對不可以犧牲掉原有品牌在既有市場當中的潛在獲利可能性。

行銷離不開外在環境。行銷既然是在做生意，你就得考慮產品賣不賣得出去，消費者買不買得起它。這表示，你必須把科技、經濟、政治、會計、金融、政府、文化、歷史、人口結構與組成等等層面的觀察，都放進你對於行銷的思考中。假如你沒有好好兒思索這些層面的前因後果，你就會像是活在過去，而你所推動的品牌，也會被埋進由爛點子所掘出來的墳墓裡。

然而，只要你對於一切可能會影響你產品在市場上表現的因素都加以關注，你必能成功；你所推出的品牌，就會讓人覺得來得正是時候。因爲，你掌握了競爭，你知道消費者被你的產品或點子或品牌吸引；這麼一來，你就能提出特別的、比較好的產品；你也能用一個比較整體的有機方式，在世界各地的市場遊刃有餘。

# 8

# 忘記背後，努力面前的

## 殺掉去年的點子

就定義來說，創意是具有破壞力的。

很多人只重視創意的正面力量，

期待某個深富創意的人建構出新概念，或者施展新手法。

但是大家都沒有看到，創意的底下隱含著一個事實：

每提出一個新點子或新手法，

就是把現有的點子或手法給取代或毀滅了。

就某個角度來說，

創意是一個「把發明除掉」(disinventing)的過程。

凡是認爲「未來不可知」的宗教，總是叫信者完全活在當下；但是一個行銷人始終要放眼將來。因爲，不管你曾經做了哪些努力，獲得今日的成績，你的明天都必須與今日有所不同；不論你曾經多麼風光，都不可安於現狀。

回想一九九六年在美國亞特蘭大城舉辦的奧運，開賽前，所有人的心思都放在準備工作上面；比賽期間，大家的目光全都被賽事吸引。可口可樂是這場奧運的主要贊助商之一，公司裡很多人參與了開幕典禮的籌劃工作，有人爲了該邀請誰在典禮結尾持火炬入場而傷腦筋。然而，那時的我，想的是奧運結束之後，如何回復到正常生活；當奧運從絢爛歸於平靜，當參與活動的廣告也告一段落，我們接下來該怎麼辦？沒有了奧運的支撐，可口可樂公司如何維持成長？我們如何把奧運所帶來的激情延續到來年？

**這幾個預先想著比賽後該怎麼做的地方，在奧運過後保持銷售；而完全不思考這回事的，則銷售慘跌。**

想要帶動公司上下都用理想的角度思考未來，是件難事。眼前進行的東西這麼有趣，在這時候想像未來光景，好玩是好玩——可是，很難做到眞的深入面對明天所可能帶來的現實細節。未來如此難料，你不可能預知明天種種——然而，假如你努力想像未來，仍然會有收穫。

爲什麼必須時時想著未來，計畫著未來？因爲假如不這樣做，當未來抵達時，你會手足無措，完全被牽著走。凡是處在商業世界裡的人，都必須未雨綢繆，把掌握未來當成職責。想要往前走的人，得拋開過去，跳出現在，跨入未知的範疇。

可口可樂公司在各國的合作夥伴當中，只有幾個國家的夥伴在思考奧運結束後的事，而其他人多半是連想都沒想。你知道結果怎樣？這幾個預先想著比賽後該怎麼做的地方，在奧運過後保持銷售；而完全不思考這回事的，則銷售慘跌。而且，老天，有個國家——蠻大的國家喔——的夥伴認定，銷售在奧運過後慘跌，是因爲零售商和經銷商等等相關業者，覺得他們爲了奧運已經大大爲可口可樂猛打活動了，現在奧運結束，他們要給我們的對手一些面子，所以把可口可樂擺在一邊。眞是笑死人的說法。相關業者在奧運期間爲什麼要主打可口可樂？因爲我們讓他們覺得有理由這樣做。只要我們繼續給他們理由，他們就會繼續主打可口可樂。

## 未來不必等，它已經在門口

你的產品今日在市場的表現，絕對來自於你昨天、上個月，甚至去年所付出的努力。

未雨綢繆這個概念，隱含著一個想法：事情會改變。而改變是椿如此可怕的事，因此許多人乾脆當鴕鳥，不去想它。這些人說：「我們就等著看事情會怎麼變化嘛。」或說：「事情逐漸有起色，幹嘛擔心？」我知道，有人覺得，假如多獲得一些資訊後再採取行動，比較不會因爲冒了不必要的險而一敗塗地——可是我要說，這也降低了你成功的機率，因爲這種想法會讓你總是要看到別人成功了才急起直追。事實上，不管變好或變壞，反正事情在將來一定和現在不一樣。所以，假如你不當那個促成變化的人，就只好等著別人來改變事情。

但，好笑的是，其實大家都知道應該要做計畫。去找一個高階主管，想辦法和他排一個約。他的行事曆塡得滿滿的，會議、研討會、視察分廠、股東會等等一大堆約會。去問美國任何一個企業總裁，他下星期五要做什麼；我敢說，他不會告訴你「我不知道，我還沒有想好要做什麼」；然而，假如你問他，他對於下週五那場會議有什麼期待，或者是他的公司在兩個月之後究竟能達到什麼光景，你卻不太可能得到一個明確的答覆。我覺得，這可不是聰明的生意人喔。

想一想前面提過的例子：星巴克咖啡賦予喝咖啡新的定義；電腦製造商提出新的使用電腦的點子。當你在思考未來時，你必須這樣想：假如你靜觀其變，或者你維持過去以來的習慣做法，未來會變成什麼樣?更重要的是，你還必須想出對你有好處的改變方式。藉由對自己的定義和重新定義，你可以一次又一次擺脫你的對手：你每換一個定義，相對來說，就是把對手擺在一個新的定位當中。

**假如你不當那個促成變化的人，就只好等著別人來改變事情。**

對自己提出新的定義，可不只是影響你對手的相對定位而已——也改變了你的消費者，以及你與消費者的關係。

我這麼說，絕對不是主張你要把一切有用的方式全部拋開；事實上，你應該沿用有效的方式，只不過你必須添加新東西，以確保能繼續生效。

學學前面說過的臂與鍾蘇打粉，他們提出新主張告訴大家：「哈囉，我知道你認識我。你曉得的，我是好產品。關於蘇打粉的用途，你以爲你完全知道嗎？我告訴你，有兩百種用途。你可以把一盒蘇打粉打開，放在冰箱裡當除臭劑。當然在烤餅乾蛋糕的時候你會拿來用，可是，因爲你用來當冰箱除臭劑了，所以要記得，打開了一個月之後，請換一盒新的。」

我覺得，製造墨西哥辣醬（Tabasco）的公司應該聽一聽這段話。很多人家裡廚房的碗櫃或冰箱裡都有一瓶墨西哥辣醬，問題是，使用的量不大。所以，墨西哥辣醬公司應該想出新招數，告訴大家墨西哥辣醬還可以用在哪些地方，比方說煮哪些菜時可以用墨西哥辣醬當作料，或是可以澆一些在哪些現成食物上面。或者別的什麼，比方清潔或驅蟲——這是我瞎掰的，因爲我也不知道還有哪些用途。但我是消費者，不必由我來想，倒是墨西哥辣醬公司的人應該好好兒研究研究，然後回答我；他們需要給我新的使用他們產品的理由，才能改變它們與我的關係。

## 改變，帶來更多改變

當你嘗試提出新定義時，請記住一件事：你每一次的改變，都爲你帶來新局，而新局面將會要求你必須再改變。假如你給了消費者好理由，他們會來買你的產品；而一旦消費者接受了你今天給他的理由，他在本質上已經不是原來那個人，而是一個新的消費者了。

比方說，上個月有一個消費者，每當他覺得渴了、想來點振奮精神的東西或吃漢堡的時候，都會配著可口可樂喝；他一星期喝八次可口可樂。這個月，你告訴他，喝可口可樂可以顯示自己合群，他接受了這個理由，結果一星期喝十次可口可樂。那麼，下個月，這個消費者會在覺得渴了、想振奮精神、吃漢堡，以及想表示合群的時候，都會喝可口可樂；假如你希望他再多喝一些，你就得再提出理由給他。在這個月奏效的理由，到了下個月不見得管用，因為消費者對於這個理由多少已經產生免疫力——你提出，他接受，現在他要你給他一個更好的東西。所以說，成長的本質在於消費—定義—再定義—再發明。

同理，政治氣候和經濟環境經常變化，一旦出現這方面的變化，你就要認清時勢，調整行銷工作。你不可以翹著二郎腿得意洋洋，以為去年的銷售佳績一定能延續到來年。因為事情絕對不會是這樣。

回想一九九八年，起伏巨大的一年。在這一年裡，全世界將近半數的國家舉行總統大選；拉丁美洲換上新面貌；亞洲經歷金融危機；墨西哥與巴西出現內政問題；貨幣貶值；失業問題去而復返；利率先是升高繼而降低；市場攀爬至新高，再重重摔一跤，然後再爬起。這一切跌宕起伏，對於消費者都有影響。假如你不因應時勢，調整行銷步伐，怎麼可能心想事成。

你想的，也許是達到百分之四十的市場佔有率，或是比現有成績再成長百分之二十；你的這些目的有時候不必變，但有時候會變，或甚至必須隨局面而改變。隨著未來向我們接近，顯露它的模樣，新契機也隨之來臨。你也可能靠自己就開創了新局。

## 不一樣的計畫，需要不一樣的資源

不管你決定要維持原定目的地，或是要改去另一個地方，你都必須時時刻刻思考，自己該如何到達目的地。等你決定好，想要擁有一個怎麼樣的未來，你就要開始打造工具，把你帶到那個想望中的未來。

假如你知道你要渡河，卻沒有船，那麼你要嘛得編造一葉木筏，或造一座橋，或去買一艘船租一艘船，隨便你。總之，你不能站在岸邊想著：「我就在這兒等等吧，看看有什麼事發生。」你這樣耗，只會看著世界從眼前過去。

當你在思考，將來該使用什麼工具和手法時，必須掂一掂你現有的技巧和人員有幾斤幾兩重。因爲，把你帶領到現階段的技巧和人員，不見得有能力把你再帶到下一個層次；你有跑十五公里的體力，不表示你能參加一場馬拉松；你爬過一千五百公尺高的山，不表示你立刻可以挑戰聖母峰。今日獲得了成功，不保證明天不會失敗。爲了迎接未來，你必須培養一套全新的技巧，甚至也許得雇用一組具備全新技術的新工作人員。

昨日的成功不可拿來當今日的籌碼。我總是假設，在做生意的世界裡，明天會比今天糟糕，然後我想辦法讓明天變好一些。NBA的主辦人史登曾經恭維我，他說別人在看一只玻璃杯時，總說它水裝了半滿或一半是空的，但是我總說這杯子破了，得想辦法做一只新的杯子，然後把新杯子盛滿水。是的，我的確用這種角度在看事情，因爲我總是心懷恐懼，做最壞的打算，萬一明天比昨日糟糕，我也準備妥當了。你，假如也想維持產品的成功，最好學我這樣看事情。

## 打破自己的規則

想要掌握未來，就必須徹徹底底挑戰自己，不斷質疑自己的概念、自己的品牌、自己的點子。

每次聽到有人說要打破規則，我都覺得很好笑，因爲，說這種話的人，彷彿以爲規則屬於某某人所有。事實上，你一旦與某一群人共同工作，你就是在適應那個機制（或那支軍隊、那個國家、那個政黨、那個品牌、那家企業）的規則，進而擁抱它的規則。因此，假如你說要打破規則，意味著你得先質疑自己的想法。

絕大多數的人害怕打破規則，因此你必須鼓勵公司裡的人，務必把造成今日成功的那些事物拿出來，提出質疑，加以改變。假如不這樣做，保證總有一天，會有人闖進來，把你早該除去的東西給廢掉——靠著這個動作，就讓這個做出改變的人掌握了未來，領先你一步。

如果你已經小有成就，那麼你將來可能遇到的最大問題是：你變成你這一行裡的第一把交椅。可是你也知道，你的對手個個聰明，曾經被你吃掉一些東西，他們就會狠狠盯著你，想辦法朝你最拿手的那個部分下手。因此，你永遠要思考下一步怎麼走。

**在今日，點子能維持新鮮感的時間愈來愈短。**

我有個朋友，買過一部新力的Vaio筆記型電腦，讚不絕口，它又輕又小，是當時市面上唯一一部放得進公事包，也塞得進背包的筆記型電腦。不過，在朋友買了Vaio之後三個月，東芝就推出一款同樣的筆記型電腦。這怎麼回事？現在的產品愈來愈相似，電腦零組件或網際網路服務供應也好，飲料或香菸也好，不同品牌的同類產品長得愈來愈像。大家的模仿能力都很強。

你說，一支廣告出現之後，過多久就會出現抄襲者？當有一家公司在廣告裡用了北極熊或青蛙後，你猜，隔多久會有人也用動物當作廣告點子？當有一支廣告以幽默取勝，贏得好評之後，要過多久，大家就都會採用幽默策略？

所謂的第一把交椅，是站在前面的人。所謂的成功者，是改變自我定義的人。然而，在今日，點子能維持新鮮感的時間愈來愈短。若你想在將來也能成功，你不但要顧好自己的工作，維持業務運作，還得思考你希望把競爭往什麼地方帶。比方說，在思考要不要贊助某項活動時，同時要想一想：你的對手對這件事會如何反應；最終目的在於不斷重新定義你現在的作爲，讓對手始終追不上你。

## 一切想法歸零

動力不會憑空而來——這句話沒辦法從物理的角度來探討對錯，因爲，要先有動力，物體才能運動。不過，我這句話談的是，做行銷工作時，你就是必須一直做些什麼事，才可能造成動力。

而你若想要領先對手，就必須讓這股動力加速；你時時都要有一股強大的推力，也就是要提出許多新的行銷點子和一長串的理由，讓消費者知道爲什麼該買你的產品。

那麼，如何做到時時擁有這股推力？我在這方面的表現一直不錯，而我的原則是「讓想法歸零」。這意思是說，我經常重新思考我的品牌和產品在現階段的既有事實，重新思考市場上所發生的種種。我仔細看著關於消費者行爲、銷售和競爭者反應的資訊，然後問我自己：假如我此刻是一個剛剛進入市場的新手，事情會怎樣？

**假如我把腦子倒空，重新裝進現在這個地方的整套東西，再把這些新資訊與原先存在記憶裡的程式融合，那會怎樣？**

我在可口可樂公司工作的每一天，都思考著如何重新推出可口可樂：我能不能弄出一個新品牌，但它又同時能享有原可口可樂品牌的好處？我該如何推出這個新品牌？該如何定位它？假如你是美國航空公司，現在又擁有一家新的航空公司，你該如何推出一個既擁有大隊飛機、龐大的運輸網、大量的顧客群和一份常客優惠計畫的新品牌？假如你是佔有洗衣精最大市場的寶鹼公司，你會推出哪一種洗衣精來把自己原有品牌給淘汰掉？當你開始用這種方式思考，你將會獲得全新的、領你走向未來的途徑，也會創造出對你有利而非對競爭者有利的產品和環境。

前一陣子，曾擔任紐澤西州議員的布萊德利（Bill Bradley）表示，他考慮要出馬競選總統。我覺得，對於他這個人來說，有一個很好的定位：他可以這樣說：「我必須離開政府機構，才能清楚觀察政府的作爲。我曾經站在政府外面觀察政府，所以我是旁觀者清。現在的我，既在政府體制裡工作過，也曾經是局外人，所以，我確確實實知道哪些事情應該推動。」我自己很喜歡這種定位，也採用過這個定位。我一九八六年離開可口可樂公司，在外面學到很多東西，也有機會進入我從沒料到自己會去的地方工作。我把自己的想法全部歸零，也暫時把自己所知道的東西完全拋開。我告訴自己：假如我把腦子倒空，重新裝進現在這個地方的整套東西，再把這些新資訊與原先存在記憶裡的程式融合，那會怎樣？這個新合成的整套想法，會是啥模樣？

**這好比義大利的文藝復興時期，把昨日的所有元素全部拿來，用今日最新的眼光來重新組合，最後產生了更美麗、更成功、更豐碩的結果。**

後來，我再回可口可樂公司工作，這時的我，帶著一套新的想法，揉合了我從其他非飲料業的公司，以及很多不曾與飲料業有關係的人身上所學到的東西。我當然還記得以前做過的很多事，但我時時用新的角度來觀察。到了一九九八年，我二度離開可口可樂公司；我又把想法歸零。這個歸零的過程，讓我把一切本領都拋開，逼我用全新的眼光看事物。

現在的我，賣的是水泥、預製裝配式房屋和能源。我挑選這些產業來學習，是因爲我希望在邁向未來的時候，能用新的產業和場域來刺激想法，挑戰自己。我每一次這樣做，最後都能獲得許多很棒的點子。把自己丟進新興的、不同於過去經驗的產業裡，眞的是收穫良多，想法煥然一新。這好比義大利的文藝復興時期，把昨日的所有元素全部拿來，用今日最新的眼光來重新組合，最後產生了更美麗、更成功、更豐碩的結果。

當你也來了這麼一場文藝復興，記得：要讓你的消費者也用新鮮的觀點來看待你的品牌。在這部份，我們可口可樂的做法是：管理品牌的意象、贊助新的活動、對於品牌提出新的描述、改變包裝、把廣告訴求對象換一個族群、配合消費者的新心態或彼時重視的事物來辦促銷活動。我們不斷在重新定義品牌。

基本上，我們在消費者面前塑造品牌，把消費者拉進來一同參與品牌的塑造工作，而不是追著他們屁股跑。

你的品牌要帶領消費者，讓消費者覺得你的定位對他有意義。假如你能讓消費者覺得你的品牌有意義，消費者就會在你的品牌當中找到更多價值，更願意購買它，他們會覺得你的觀點新鮮好玩。

## 殺掉去年的點子

在「發明」與「再發明」這兩個過程中，「創意」是箇中一大要素。所謂創意這回事兒，被很多人描述成既魔幻又神祕，但這種說法是障眼法，目的在於逃避責任。事實上，創意就如行銷過程中的許多其他事情，不是不可預測的非自然力量。當你展現創意時，你只需要了解自己在做什麼，想要完成什麼。

首先，你要了解，就定義來說，創意是具有破壞力的。很多人只重視創意的正面力量，期待某個深富創意的人建構出新概念，或者施展新手法。但是大家都沒有看到，創意的底下隱含著一個事實：每提出一個新點子或新手法，就是把現有的點子或手法給取代或毀滅了。就某個角度來說，創意是一個「把發明除掉」（disinventing）的過程。有創意，意味著你有勇氣站出來說：「喂，那個是我以前提出來的點子，以前覺得它不錯，現在它不行了。我要提出一個新點子來取代舊點子，這新點子更適合現況。」為什麼要你認識這「把發明除掉」的重點？因為，了解了這一點，你就會發現，很多人口口聲聲說喜歡創意，卻不肯為自己的創意負責；而他們不為創意負責，是因為他們不希望日後被別人罵成光說不練，只會抱怨。

**你今日所能擁有的東西，對於你今日而言，就是最好的東西了。**

所以，你要記住：有創意，的確意味著擺脫過去，但是，有創意絕對不代表要放馬後砲，要和別人比較誰的點子好誰的糟。追求原創是一種精神，希望你在朝未來前進的路上一直創新，而你心知肚明，你今日所提出的創意將來會被另一個更棒的創意取代。今天的電視廣告會被明年的電視廣告淘汰。人生就是這樣。假如你擔心，以前擔任你這份職務的人聽了這話會受傷——放心吧，江山代有才人出，你今天所坐的位置，來年也會換別人坐。

我離開可口可樂公司時，在行銷部門交了不少好朋友。前幾個月，我聽到這些朋友說：「哎，事情都變了，跟以前都不一樣了。」我就回答：「當然要跟以前不一樣。現在遇到的事情跟以前不一樣，而時代也不一樣了嘛。你要相信，你今日所能擁有的東西，對於你今日而言，就是最好的東西了。」要把眼前你所處的環境當成你的新環境，從中努力追求創新與成長。這不是比較好或比較壞的問題，也無關乎大或小，這僅僅只是：不一樣。在現有的環境中，你同樣擁有機會盡情揮灑能力，獲得卓越成就。

## 學著管理創意

當你克服了對創意的莫名恐懼，你就可以開始學著管理創意，以求完成你想完成和需要完成的事物。而這方面的道理也很簡單，我說過很多遍，你要定下目的地；一旦決定了目的地，你就能以創意爲目標，然後一步步朝創意前進。

我常說，創意像是一枝在尋找水源時所用的占卜杖，當你不知道往哪兒找水時，用了占卜棒，你就知道自己找的是水，而不是油。你必須先確知，自己到底要在什麼東西上面展現創意。是要把舊產品翻新？還是要推出一種全新的製造成績？或者要換包裝？你得先決定目的是什麼。

假如你不先訂出目的地，光是一個勁兒說：「我們來發想創意吧。」老兄，十個人裡有九個會拋出垃圾給你。要你先定下目的是有原因的：假如在發想之前不指出到底要找什麼，來參與創意發想的人就沒有方向可循。我每一次在召開主管會議之前，都會先寫一份簡單的備忘錄，讓開會的人知道會議的目的；我會列出策略和希望提出的定位，或者想達到什麼目標。然後我在會議中問：「現在，我想聽聽看，有沒有什麼別的方法同樣可以達到這些目標？」

（在下一章裡，我會談談廣告代理商的任務，也解釋一下我當年爲什麼要改變可口可樂公司與廣告代理商的關係。簡言之，我覺得，提出產品定位的人是我，我也需要決定可口可樂公司希望達到什麼目的地。訂出這些之後，廣告代理商的任務在於如何用有創意的方式，完成我的想法。過去，廣告代理商認爲自己不必聽我說話，愛怎樣表現創意都可以。）

總之，當你寫下了自己的目的地，說明你想達到什麼之後，你把所有人提出的點子擺在一起，看看哪些創意能幫你達到目的。這時候，心裡要有準備：很多人會提出你根本不喜歡的點子，搞不好連提點子的人都不喜歡自己的東西，不過，這沒關係；只要它能幫你達成目的，它就是好點子。無助於達成目標的點子，全部丟開。

在管理創意的過程中，只要你有策略，也有一套訓練，就能手到擒來。

## 把終點線往後推

另外，必須記住一點：所謂的目的地，只不過是另一個新的開端。很多人嘴上說，「未來就是從今天開始」，但言行不一，沒有在行動上實踐這句話。聽我說句眞理：當你在爲現有目標全力以赴的同時，別忘了思考你下一個目標是什麼。

你要花多久時間，才能確定接下來該往何處去？很久很久。我這個觀點，常常使我與合作的廣告公司發生爭執，因爲我們的廣告代理商在製作完一批廣告片之後，希望休息六個月再開始製作新東西；但我總這樣對他們說：「我們剛剛完成了史上最棒的點子，所以你現在就要開始準備新東西，這樣子在六個月後我們才可能準備妥當，否則，假如你半年後才開始準備，我們就得等到一年後才有東西，這就太遲了。」

**把終點線一次又一次往後推固然重要，如何在比賽過程中界定什麼叫做小小勝利，並且享受這些途中的小勝利，也很重要。**

同樣的道理，也適用於你自己在做計畫的時候。你何時開始計畫明年的事情？現在在每年的二月底思考明年二月的事。等你了解了一整年的情況，就要把這份認識放進對於明年的思考當中。而且，你不可以使用老套的手法，必須尋找能夠吸引消費者的新方法，這樣才能成長更多。

把終點線一次又一次往後推固然重要，如何在比賽過程中界定什麼叫做小小勝利，並且享受這些途中的小勝利，也很重要。你會說，既然這個概念是在強調要把目標放在最終目的，那麼中途豈有勝利可言？我要說，就是有。假設你打算參加一場馬拉松比賽，你的最終目的是要跑完這四十二公里；假如你覺得這距離聽起來嚇死人，你擔心在比賽過程裡會受傷，那麼你就不要參加這場馬拉松。一旦你決定參加，你就要在訓練時期的每一天都享受著小小的勝利感。問題在於如何享受勝利——你不可以樂昏頭，以為自己從此可以翹腳休息；相反的，你必須保持士氣，你可以讓工作人員的職位晉升，拍個廣告片也不錯，或者挖一個你夢寐以求的優秀高階主管進公司工作，這些方法都可以幫你朝目標前進，你也應該為這過程裡的小勝利感到高興。

## 今日的一小步，是日後成功的一大步

有時，創意可以讓你嘗試新事物。比方說，提出品牌新定位就是一種創意。以前的可口可樂，被定位成一種帶著傷感氣氛的產品，例如棒球賽輸了，教練為了安慰隊上的孩子，拿出了可口可樂。今天的可口可樂擴大定位，強調可口可樂的精力充沛和讓人精神為之一振等等特質。為了傳達這項主張，於是可口可樂的廣告中出現了北極熊和聖誕歡樂列車，以及穿著越野鞋跑在沙漠中的人，背包口袋露出了可口可樂。這些都是表達產品定位宣言時的創意，邀請消費者在更多意想不到的地方多喝可口可樂。

創意還能幫你用比較新穎的好方法來完成工作。百威啤酒素來告訴大家：「這是你的百威」，而過去他們的廣告中都見到一群藍領階級的壯漢，現在，他們用青蛙來賣啤酒。

大家通常以為，提出石破天驚的點子才叫做有創意。事情並非如此。事實上，在很多時候，創意只是想法上、表現方式上或解釋上的一點點小進展，用這個小東西讓消費者覺得：「哇，就是這樣。所以我要買某產品，要搭某航空公司的飛機，要開某種車，吃某種糖。」

我認爲，能讓人拍案叫好的創意眞的很多，只不過大家一想到要採用這些創意就會害怕。因此，我建議你，應該用旅行的心情來接受創意。你想，計畫出國旅行時，我們不都準備接受新發現和學習新東西嗎？而這正是旅行的目的。我想，你在商業世界裡也應做如是觀。有創意的新點子能帶領你到達你不曾涉足的境地，所以，面對創意時，你不該退縮，卻該上前擁抱。假如你現在還縮在既有策略當中，那麼請你大膽跨出窠臼。

永遠要記住：假如你做到了在被迫改變之前就能自己先改變，在競爭還沒有出現之前就先改變，那麼，你就能一路領先。

# 第三部
# Who and Which

有了清晰的策略與新鮮的點子，
還需要找優秀的人才來執行，想法才會成眞。
第三部的主題正是如何尋覓專業的行銷人才，
而找到人才之後，又該如何建立有效的管理制度。
(嘿，創意人大概是天下最難管理的一種員工了。)
此外還要思考：如何與廣告公司進行良性的配合，
把公司的策略化成有創意的表達方式？
但是，衆多廣告公司各具特色，
哪一家才最適合與自己的品牌合作？

# 9

# 給我高手，其餘免談

## 建立一支專業的行銷大軍

我在可口可樂找人時，要的是最棒的行銷人才，
先錄用他，然後安排適合他的工作給他做；
萬一一時沒有適合他的工作，
我們甚至願意特別暫時給他一份差事，
一直到有適合的工作出現爲止。
我只要發現哪個人不錯，不過暫時沒有適合他的工作，
我就先把他放在身邊，讓他去弄幾件我想研究的東西。
有一段時間，我身邊同時有四、五個特別助理。
結果，這幾個人很快就進入狀況，進步的速度快得嚇死人。

這樣幾章下來，我已經給出了一長串重點，告訴你如何當一個稱職的行銷人。簡單整理一遍，你必須要：

- 選定目的地，讓自己知道自己是爲了什麼而努力。
- 發展一套策略，讓自己到達那個想望中的目的地。
- 想清楚，你希望把自己的產品放在消費者心中的哪一塊地方。
- 爲你的產品營造出形象。
- 了解你的顧客。
- 創造品牌。
- 進入新市場。
- 在現有市場中追求成長。
- 用有創意的方式思考關於包裝、促銷、配銷和廣告的事。
- 你所採取的每一個動作，都要經過測試並且測量出結果。
- 不斷賦予品牌新意，不斷翻新策略，不只追求現有市場的成長，更著眼於未來的成長。

・最後，你必須在很多個不同的市場中嘗試前面所說的一切。

讀到這裡，你也許會想：「你要我一個人單打獨鬥做這些事嗎？不會吧？你叫我買下一百匹馬兒，但騎師在哪裡？你叫我買一批飛機來，但我上哪兒找人來開飛機？你叫我做目的地計畫，但我該如何做這項計畫？由誰負責？我只有一個人耶。」

別緊張，沒有叫你一肩扛下所有的事。你當然得建立一支行銷大軍，而且得找來很多個優秀的人才。

我剛進可口可樂公司工作時，常常被挫折感打敗。我的點子多如泉湧，卻找不到人執行。我離開可口可樂公司時情況還是沒變。很多公司的情形也一樣，能夠賣出產品的好點子俯拾皆是，只缺執行的人才。等我再回可口可樂公司，我心裡已有準備：情況好比五百輛巴士停在停車廠上，油箱滿滿，路線已定，獨獨缺司機。於是我知道，當務之急在於找到我所需要的人才。

行銷這一行的未來發展，全看你有沒有把行銷當成一門專業的工夫，必須以扎實的實務訓練為基礎，必須獲得確實的結果。

我會這麼說，原因有二。第一——我希望我在前面幾章裡已經說得夠清楚了——當你在行銷方法當中運用了扎實的實務原則，那麼你所採用的方法會比較有效。其次，行銷人唯有認清楚，行銷是一種投資，而且必須帶來清晰且可測量的結果，才有可能獲得他們工作上所需要的資源。假如大家仍然覺得，行銷是可有可無的事，是一種浪費——這種想法只要存在一天，高階主管們就會以爲行銷預算是想刪就可以刪的東西；這會使行銷效果打折扣，以致於造成惡性循環，以爲行銷無效而預算繼續被刪。最後變成一毛錢都沒有。

## 行銷需要專業人才

既然說行銷工作由不得你愛要不要，卻是一門必須以系統方式執行的策略之一環，那麼，你可就要有一套雇用和培訓行銷高手的計畫。

業界有很多人是在受了多年訓練之後才成爲專業行銷人的。我自己就是其中一個。我的第一份工作是在寶鹼企業的墨西哥分公司當品牌助理，負責一個叫埃力爾（Ariel）的洗衣精。一年後，我調升爲業務員；不多久又調回來做品牌，當品牌經理，負責奎斯特牙膏和保衛牌（Safeguard）香皂。後來，紐約的麥肯廣告公司挖我去墨西哥做可口可樂；這爲我帶來幾個專案任務，例如到日本做雀巢和通用食品，以及到紐約與可口可樂裝瓶業務配合。然後，百事可樂公司（沒錯，百事可樂）找我去巴西帶一個行銷小組，後來把我送回紐約，讓我當美國業務的行銷總監。這之後，我在亞特蘭大加入了可口可樂的行列。

哇！

我剛入行時，對於行銷一竅不通，我只不過是因爲寶鹼公司需要人，所以才成爲行銷人。

像我這樣闖進行銷業的人太多了。由於高階主管自己不懂行銷，所以只要有人來應徵，他們就錄用；要不然就是他們把自己的小姨子大舅子等等不知如何處理才好的皇親國戚，丟進行銷部門。這樣碰運氣找來的人當中，會出幾個肯學肯幹的年輕小夥子（譬如我），儘管一開始的時候是菜鳥一隻，時間一久倒也累積出成績；不過，很多公司卻更可能因找人不得法而弄來一堆不及格的人員。

**一家不想在行銷下工夫的公司，如何成長？等待成功從天而降嗎？**

以前，競爭沒有現在激烈，你只要有一、兩個不錯的人手幫你做行銷，其他的人只要接電話和聽命行事就夠了。但這種方式是不可能在將來的行銷競爭當中求生存的。行銷人必須追求苟日新日日新又日新，要做到今天比昨天更努力，才能打動消費者的心。所以，你不但要有足夠的人手，而且個個要身負重任。

這些人員，有一肚子想法，一腦袋點子，還附帶一身經驗和兩手足以展現能力的工作技巧。凡是希望業績成長的公司，都必須多找專業的行銷人來做事，而且要比競爭對手更懂得調度運用各種人才的各式天分。想打職棒，豈能找業餘選手。

一說到人員的任用，首先要談的就是如何找到恰當資源。當你開口說要找全世界最棒的行銷人才來組一支行銷大隊，你老闆的眼中就會冒出錢的符號，財務人員也會跑來警告你，公司裡可任用的人員數額已滿，不要亂來——假如你想贏得這場預算之爭，你得做兩件事。

第一，你自己要先認識到，行銷是一門專業；然後你要說服你的老闆或金主，行銷是一門專業。

眞正的行銷人，是具備專門知識的專業人。而你付給他錢，向他買這些專業知識。拜託你，千萬不要因爲你表姑媽的兒子在找工作，就把他安揷在行銷部門。你也千萬不要聽到有人對你說：「我也是個消費者，我愛買東西，我也認識很多很愛買東西的人，所以我知道行銷怎麼做。」然後你就找他來作行銷。沒有人生下來就懂得做行銷，行銷是要學習的；而且，光只是「想要找一份工作」的心情並不夠，必須是眞心想做行銷，吃喝拉撒睡都在想行銷的人，才是恰當人選。行銷不是嗜好，行銷是一份志業。

其次，當你與財務人員爭論時，你必須讓他看到行銷的效力，讓他知道，在行銷部門增加預算是一項利多的投資。所以，你要提出你所有品牌的損益表，清清楚楚列出支出與收益，連管銷開支也要列出。也就是說，你必須用一種說明爲什麼要設分廠的報告方式，來解釋你爲什麼要雇用人員。

假如你的數字與資料夠具體，能顯示出行銷活動的多寡與收益多寡之間的關係，假如你的老闆挺有概念，你應該會獲得他的允許，讓你快快去找人。萬一事情不是這樣，我建議你，趕快繞跑換頭路，因爲這家公司的老闆要不是腦筋不清楚就是不太想成功。當你有機會幫一家有八十分成績的公司進一步獲得九十分甚至九十五分，你還要去幫一家六十分的公司進步爲七十分嗎？才不咧。一家不想在行銷下工夫的公司，如何成長？等待成功從天而降嗎？

## 找最棒的人，給他一份恰當的工作

現在，假設你獲得公司方面的許可，可以找人進來工作。我們接下來談談找人和組織行銷部門的過程。你如何決定你要哪些人?你如何讓他們願意爲你工作?嗯,你要有一份策略。

關於僱用與組織方面的工作,我的做法是向別人學來的。有個叫德宣(Tex Schramm)的足球教練,他找球員的方法和其他教練都不一樣;別人是依據類別去找最棒的攻擊手或跑鋒或別的,但德宣找的是最棒的運動員,然後依照自己的計畫,把找來的人安排在他心目中的理想位置。

**常常,最棒的人才偏偏是最走不開的人……這時怎麼辦?你要想辦法讓他們走開。**

我在可口可樂就是像德宣這樣找人,我們找的是最優秀的人才。我們不是看一個人有七年半的經驗,或曾在軟性飲料業工作過兩年十個月,或在三、四個國家待過等等經歷。我們要的是最棒的行銷人才,錄用他,然後找個適合他的工作給他做;萬一一時沒有適合他的工作,我們甚至願意特別暫時給他一份差事,一直到有適合的工作出現爲止。我只要發現哪個人不錯,不過暫時沒有適合他的工作,我就先把他放在身邊,讓他去弄幾件我想研究的東西。你知道嗎,有一段時間,我身邊同時有四、五個特別助理。結果,這幾個很快就進入狀況,上了軌道,進步的速度快得嚇死人。

我建議你，遇到優秀人才就要用，人才只要夠優秀，總是會在所擔任的工作上發光。常常，最棒的人才偏偏是最走不開的人，因爲他現在的老闆很喜歡他，往往薪水也給得很高。這時怎麼辦？你要想辦法讓他們走開，你問問他們，對於現有的這份工作有沒有哪些不滿意的地方，然後你讓他在這些地方滿意。這是我所謂的「實際補償」。有人希望在工作中進一步尋找冒險的感覺，有人希望工作地點能讓家人高興，有人希望自己將來能在某某國家生孩子，甚至有人的男友在法國，希望和他在法國結婚——這些不是我編造的理由，我眞的遇到有人告訴我，是這些原因讓他們考慮換工作。這些理由我們可口可樂公司都接受了，因爲我們很願意讓別人的願望成眞，而我們成全了別人之後，自己也獲益：很多幹勁十足又認眞付出的聰明人，很感激我們願意滿足他們的需求，於是加倍努力作爲回報。

## 歡迎新血加入

引進優秀新人進入公司時，你要仔細照顧公司裡原來的人員，小心與他們溝通。這就好比即使你推出了新產品，卻仍然要對舊產品做行銷。對於這一點件事我有切身之痛，所以要在這裡提起。

我一九九三年八月回到可口可樂公司之後沒多久，公司總裁伊維思特和董事長葛瑞巴兩人都同意，我可以額外雇用五十多個人，好幫忙達成我們新的預定目標。我以爲，這五十多個人一定能讓公司如虎添翼，沒想到竟然發生一場叛變，而且反抗的人是我以爲會支持我的人：我部門裡的人，以及因爲替我招募新血而賺了一大筆錢的人事資源公司。

都怪我一開始沒向大家解釋我們找新人進來的目的，結果惹得部門裡的人不舒服，以爲我不把他們當人才，而且擔心我會把他們炒魷魚。好不容易大家把話全部講清楚，我才終於明白，原有人員眞的是誤會了。可是我到現在還不知道爲什麼人事資源公司的人也要來攪局。

我以爲，負責招募工作的人會喜歡我這種不設限的開放式招募，但其實他們並不喜歡。假如你要找人到新加坡擔任促銷經理，你可以向人才公司說明你這份工作需要什麼樣的人，然後由他們爲你找一個適合的人來。但我對他們這樣說：「我現在沒有什麼特定的職務，但我要的就是優秀的行銷人才。」這叫他們怎麼辦？他們目瞪口呆，以爲我們是白癡。假如我們不說明這份工作的條件，他們就不懂我們要什麼。

那時候，我的行政助理李絲（Leslie Reese）擔任這項招募專案的召集人，那段時間裡，她經常氣得七竅生煙，進到我辦公室向我報告，說在全球各地負責招募工作的誰誰誰不肯配合；這些人甚至在公司內部火上加油，跑去向地區公司的經理咬耳朵，說我們私下雇用新人，惹得地區經理打電話來吵：「幹嘛找新人？我又不缺人手，我現在這裡都滿了。總公司到底在搞什麼？」

我們只好花很多時間解釋：我們不是對現有人員不滿意，也不打算叫一堆人捲鋪蓋走路，就算我們在瑞士用了一個新人，也不表示要他在瑞士待到老；我們招募新人，是因爲公司又擴大了；現有人員都很棒，但不夠用，我們需要更多優秀人才，來彌補我們現有能力的不足。

我們現有的人員，在軟性飲料業都有豐富經驗，但我們現在需要其他產業和其他學科的專業人才，用他們的專業來教我們新東西。董事長葛瑞巴說得好：「我們現在需要的是能輸血給我們的新人，而不是來抽我們血的人。」因爲我們不是要找人進來，耳提面命，諄諄教誨，訓練六個月，叫他們倒空自己原有的東西；我們希望新人擁有一套專業認識，可以爲我們帶來新知。因爲我們需要藉由外界的刺激，讓我們知道該用什麼更好的方式才能更進步。

# 生產力高的員工，不嫌少

負責招募工作的人，最常抱怨一件事：我們給的描述不夠精確。對於這個抱怨我是這樣看的：假如你往前看，你就不會擔心這話說得不夠精確。放手去尋找最棒的媒體人、廣告人、行銷人和塑造品牌的人，然後把他們挖過來工作。(事實上，優秀人才並不多見。)很多公司搞不清楚狀況，把資歷和能力混為一談，以為某人在某項職務上待了十二年，就一定有一身豐富的經驗。天知道哦。人才本已難得，那種有能力超越自己，不負所託，把我前面八章所說的工作好好兒做到的人才，更是少之又少。假如你遇到了一個優秀人才卻失之交臂，對於你來說可是一大損失。

以職業運動隊伍為例，棒球隊經理通常會請雇用六個投手，雖然說投手只要一個就夠。而且二軍裡面還會有四個投手，三軍裡再儲備六個。棒球隊經理知道，一個投手遲早會露出疲態，所以他平常就儲備著可用的投手群，以備不時之需。但企業和公司太在乎員工人數，竟不願意像球隊這樣做。華爾街股市的財經分析家只要聽到企業說要裁員，通常表示贊同，因為他們認為企業裡冗員過多，以致減低了效率。事實上，就算人員減少了，效率也不會提高，這是因為，當你現在就需要有人做事，但你見人力不足了，才趕緊出去找人進來幫忙，就事情的時效而言，往往爲時已晚。所以，你平時就必須「養士」，擁有一個儲備人才庫。

對此，你要有一個基本態度：你的人員當中，適才適任的人愈多，他們爲你賣出去的東西就愈多，也就是說，他們能爲你賺更多錢；這又表示，這一類的人才是自己在付自己薪水。假如情況不是這樣，那麼你的確要減少人員；但你必須是因爲人員的生產力疲弱而裁員，不是爲了符合硬性規定的人數限制。假如你擁有的人力個個能帶來市場與銷售的成長，這時候你卻要裁員，你等於是在趕你的財神走。生產力高的人，哪怕多，來愈多愈好。

## 自己的事情自己做

當你找來了優秀人才，你當然要懂得如何管理他們——或者這樣說，你必須創造出一種能讓優秀人才發揮能力的工作環境與工作方式。這表示，你必須授權給他們，讓他們負擔責任。你必須信任他們。我常說，我能成功，絕大部分的原因是因爲我找到了一批人才，我只是聽取他們的想法，然後放手讓他們全力以赴。萬一他們犯了錯，沒關係，只要他們知道錯在哪裡，也從中汲取了教訓，我就會叫他們不要被過去的錯誤牽絆，要繼續往前進。

我在可口可樂公司雇用過幾百個人，他們是全世界最聰明、最有原創力的人。錄用他們的時候我就知道，像這類的人，心中都有一個自己的小小夢想，希望做個什麼活動，想要塑造一個怎麼樣的定位。只要你給他們環境讓他們盡情圓夢，他們個個都肯衝肯幹，忙得不亦樂乎，而且生產力極高。

很多人說自己懂得傾聽員工心聲，懂得授權，事實並不然。你要想一想，你既然是看中了那個人才的實力才找他來做事，那麼你就要聽他表達意見，並且授權給他。否則你花錢付他薪水，所爲何來？

你應該要從外面找人，不要從內部直升，因爲你需要新的知識，你需要向其他產業的人借鏡，吸收他們成功的經驗，然後把這份新的刺激傳給公司裡的其他人。爲達此目的，你務必把話溝通得很淸楚，在公司內部創造一套大家都聽得懂的語言，而且你要授權。有時候，即使你知道某人可能會犯錯，也不要擔心，就讓他去犯錯，讓他們從錯誤中學習。

## 決策要清晰

我在可口可樂公司時，凡是歸我管理的人，對於他們所必須負責的工作都能完全作主。我和我的一位朋友，博格思（Bill Boggs）一同訂出一套做法，把責任與決策權釐訂得一清二楚。這套做法分成五個決策階段：

層級一，由我做決定，不加入你的意見。

層級二，我參考你的意見之後所作的決定。

層級三，我們共同的決定。

層級四，你參考我的意見後所作的決定。

層級五，由你做決定。

**「讓部屬善用時間並提高效率，是經理人份內的工作。」**

層級一，屬於公司的政策。一家公司對於自己的股東負有財務上的責任，因此，必須有一套中央政策，而以中央的方式看準機會。當你必須維護一個商標，維持一家公司，或按照損益表做事，或起碼要做到收支平衡，那麼某些事就是非要那樣決定不可，而你就是得承受股東或董事會所賦予的責任。像這一類的決策，一定要對部屬解釋清楚，告訴他們：「沒辦法，這是屬於層級一的決策，所以不能用你提出的方法來做，你不要奢望能改變，所以不要白花力氣。」

能不能說出「不」，考驗著經理人的能耐。我可不是慫恿經理人拼命否決部屬所提出的建議，以示自己的權威，而是要經理人認清楚：讓部屬善用時間並提高效率，是經理人份內的工作。我一個直屬部下曾經說過一段我至今都認爲是絕佳恭維的話。這個部屬叫湯姆・隆恩（Tom Long），有一天他說，我經常說「不」——聽到這話，我以爲他在埋怨。但他說：「其實，針對我想做的方向或方法痛痛快快爭論一場之後，你最後說不做，然後向我解釋是爲了什麼原因不做，這對我來講其實是一種解脫。因爲我就可以不必再浪費時間在這件事上，而可以專心去做其他你說要做的東西。」

所以啦，不要覺得不好意思說不。聽到你說「也許可以怎樣怎樣」、「不錯喔，讓我想一想」或「寫份報告給我」，部屬可不覺得高興。當然應該要仔細討論，但討論過後，你最好清清楚楚說出「好」或「不好」，然後就去做該做的事。

假如事情屬於層級二，我會這樣說：「我跟你講，這件事屬於層級二的決策，最後是由我來作決定。但我希望多聽聽你的想法。」所以，你可以寫報告或對我演講，總之隨便你要用什麼方式來向我說明你的看法。等我完全了解你的建議，你也完全懂我的意思之後，我想，我自己應該能做出恰當的決策。在這一類的情形下，讓部屬知道自己有機會暢所欲言，知道他們的想法與建議的確曾經被認眞考慮過，是很重要的事。而這個過程對於你來說也很重要，因爲你有機會讓部屬了解你的想法，將來他們在類似情況下就會知道該怎麼做。

至於層級三「我們共同的決定」這種東西，我是很看不起的。這種情況是說，我們大家一起玩，然後一起做決定。這是不可能的嘛，一定是由某人出來做決定，怎麼可能「大家一起來」。即使是在民主政治裡，也還是有人出面帶頭，說我們要這樣那樣做，但現在大家來討論要怎樣做，不過最後還是要有人決定到底該怎麼做。我一向會想辦法把標上層級三的情況變成層級二或層級四。

對於經理人來說，層級四的情況最難，因爲這種情況表示，經理人必須拋開你所享有的決定權，而由別人作主。身爲管理者的你，可以參與討論並提出意見，可是卻要由別人做決定。假如你希望這整套做法能順利運轉，你就必須嚴守遊戲規則。

你很可能會說，那傢伙哪可能做出好決定，然後，你以主管的姿態硬要他們照你的意思進行。假如你勉強部屬接受你，或者你日後用其它伎倆處罰部屬的「不聽話」，你是在搞壞整個公司組織。你看著好了，將來你會變成事必躬親，凡事都得由你決定，而你的決定偏偏不見得次次都正確。你要知道，你用這些人，爲的是他們所具備的專業和技巧，假如老是由上面的人作主，培養這些人就失去了意義。

層級五則完全由你決定，我不加入意見。有時候他們向我提報某一些事情，我會對他們說：「這事情屬於層級五。」所謂層級五，表示你信任他們的能力、知識和對市場的判斷，把事情列入層級五，意味著你在授權。而對於部屬們來說，層級五等於告訴他們：「我們相信你，所以讓你進入這家公司，讓你負起維護公司商標的責任。所以，你就放手去幹吧。」

## 三人行必有我師

我並不贊成「無爲而治」式的管理法，我認爲，身爲主管的人，有責任讓大家清楚認識公司策略、活動目的和業務目標。我還經常與部屬們爭論，到底他們所提出的點子符不符合策略。但你可以說我有偏好：我傾向於把執行工作交給部屬。因爲你必須讓別人有機會一展身手，而且，你知道嗎，經驗告訴我，一般人的表現都蠻不錯的呢。他們會有想法，會冒出點子，想要創新，想要發現新東西。你只要給他們一些基本原則，提供一個適合工作的環境，讓他們有發揮的空間，他們會把事情做好的。

以前的可口可樂，總公司的高階主管會親自去某個市場視察，拚命指示這個命令那個，然後又砍掉很多那個市場的計畫。現在很多公司還是很常發生這種情況。這種經理人是大家眼中的討厭鬼，巴不得他早早離開，好讓耳根淸靜，趕緊辦正事。

我相信我以前一定就是這種人，而且可能是頭號討厭鬼。因爲我不但指示給得特多，還不斷發問，並且提出長篇大論——我這麼做，目的在於要確定他們眞的了解任務本身的意義，也爲了要逼他們別只是想出一個點子，而是要想出最好的點子；此外，這是因爲我相信學習的重要性。我相信，我們在全球各地的人員都是聰明人，都是優秀人才，所以我希望從他們身上學到東西，而我也有自信，憑我多年的工作經驗，我可以傳授他們很多心得。我覺得，見面討論的目的在於交換意見，假如不能交流，不如不見，用傳眞和電子郵件就可以了。

**工作同仁之間互相辯論，甚至各執一詞像在吵架，這種積極熱烈的互動方式是好的。**

以前，伊維思特和我會召開有關預算的討論課，我們倆以爲，這些課程像蘇格拉底與學生的對談。不過有些與會的員工說，我們像是在訓話。後來，我們兩個覺得，自己這樣呆呆坐著，聽著部屬們以圖表、幻燈片和單調的語氣來說明他們已經完成的計畫，實在有點愚蠢，於是我們決定改變方式：由他們提報告，我們邊聽邊發問，並提出建議。剛開始，很多人不喜歡我們這樣頻頻打斷他們報告，等他們了解我們這樣做不是要打擊士氣，卻是希望有所幫助，他們就不再抗拒。結果，這樣的討論激發出不少好點子。

工作同仁之間互相辯論，甚至各執一詞像在吵架，這種積極熱烈的互動方式是好的——你一定要這樣想，而且也要讓員工懂得這一點。大家這樣子互相推動，從原本以爲已經有好方法的地方開始一步一步往前，得出更好的解決之道。

我必須承認，我年輕的時候，假如有人這樣子質問我，我馬上發火。但這麼多年下來我總算明白，那個審核我計畫的人，確實有能力把我還不懂的知識傳授給我；他從地球某個角落的某人口中聽到的東西，也許對我有用，可以把我的點子修整得更棒一些。用你全部的所知所學，想辦法把工作做得更好一點——這就是學習，這就是知識，這就是累積與質變。

畫分出清晰的權力範圍、鼓勵開放溝通的環境，這種作風隱含著一種態度：責任範圍分得清清楚楚。當你講清楚，這件事的決定權落在誰身上，這就表示，那個人要讓決策付諸實現。你有沒有遇過一種狀況，開會的時候大家說，某件事要由你來推動，但你後來什麼決定權都沒有？我認爲，假如沒有指定一位經理負責執行，那麼就算點子再好，最後可能也做不出來，因爲最初提出點子、做出決策的人，早就不知道跑哪兒做別的事了，留下其他人勉強應付。

當你指定某事交由某人決定，你也就是在告訴他：必須執行到底。這個人當然可以再把執行工作往下交給部屬，但這個負責的主管仍然得確保，他的部屬的確能完成任務。在企業裡，尤其是在大型企業裡面，務必把權責弄清楚。

## 國際級的視野，草根式的行動

我前面強調過，必須有一套中央級的策略與目標，但是，在執行面萬萬不可採用中央極權，而必須把權力下放。假如你想要把產品銷往一百個國家，你不可以在總公司的辦公室裡大權獨攬，決定一切。每一個市場的性質不同，你所面臨的競爭條件不同，經濟情況不同，消費者特性更是不同。所以，你在每一個市場都要建立本土化的組織，用在地人當主管，讓他們用在地的方式與當地消費者溝通。

曾經出國旅行的人和學歷史的人都知道，法國人迥異於義大利人，墨西哥人與瓜地馬拉人大不相同，巴西人也和阿根廷人不一樣；就算是鄰國，就算使用同一種語言，各個國家仍有自己獨特的迷信、背景、人口組成、經濟狀況，連所遭遇的問題都不一樣。這些差異，造就了一個一個的國家。做行銷工作的你，要在這些基礎上向當地人描繪你的品牌，讓你的品牌與能夠融入當地市場。

想做到讓品牌融入當地市場，唯一辦法就是讓整套管理都本土化，找當地廣告公司做廣告，使用當地的促銷商和製造商，再用當地的物流批發公司和卡車來運送你的產品。你還要找當地人來當主管，由他來與本地人打交道，同時，持續研究該市場的變化，好確認你是不是掌握了消費者。

進入一個新的海外市場，剛開始時的市場需求情況可能不錯，但你不要受騙，這通常只是現成的收穫，因爲那個國家的消費者以前就知道你的產品；假如你不趕快用當地的語言向消費者自我介紹，你的銷售很快就會停下來。

**在每一個市場都要建立本土化的組織，用在地人當主管，讓他們用在地的方式與當地消費者溝通。**

我記得可口可樂進入東歐市場的例子，那不是件讓人高興的事。一九八九年，柏林圍牆倒下，我們馬上知道可以進入東歐國家市場，以通路來競爭。我們認爲，只要做到讓消費者買得到產品，就穩贏。那個時候的行銷講究「三A」：買得到（availability）、買得起（affordability）、買得高興（acceptability）。望文生義，這是指產品能被接受，不會被吐口水；產品的定價讓消費者買得起；而消費者再想要用你的產品時，他們走幾步路就買得到。只要符合這三項條件，消費者就會上門。對於我們的東歐經驗來說，這三A在開始時是有效的，但很快的，消費者覺得，我已經買過你啦，爲什麼我還要繼續買你的東西呢？市場上出現競爭者，消費者有了別的選擇，變得舉棋不定。

我們的市場佔有率開始上上下下，曾經有十到十五個百分點的動盪。嚇死人了。我這才發現，造成這種起伏的原因，是我們沒有當地經銷商。爲什麼沒有當地經銷商？因爲我們一開始對市場的考慮不夠周到。我們應該設立當地的經營點，應該廣泛收集有關消費者的資訊，更應該仔細了解東歐市場的操作方式與經濟實況，但這些我們都沒有做。

我們缺乏與東歐消費者打交道的經驗，也就不懂得如何打動他們的心，這麼一來當然會出問題。

一家公司爲求生存與成長，當然要吸引更多的消費者不斷來購買，爲了達成這目的，你必須用消費者的文化來向他們詮釋你的品牌。所以你得花錢，在當地建立經營單位，找當地人做事。這能讓你確實掌握每一個市場的動態，並且在需要有改變的時候，可以依照各個市場的狀況來進行。

關鍵：我們怎麼知道應該在什麼時候進行改變？又該變成什麼樣子？方法無他，一定要把每一個市場當成一個獨立的事業體，因爲這樣可以讓我們淸楚看到，我們所付出的努力到底有沒有效果，也讓我們知道應該要雇用幾個行銷人員。由於我們在每一個市場都對每一項產品列出詳盡的損益表，所以算得出開支與收益。假如你能善用人力，讓人員發揮生產力，雇用了幾個人又有多少差別？你只要知道你何時有效何時無效，就夠了。

長此以往，你也許會想開發國際性或區域性的計畫。切記：除非海外市場能爲你帶來利潤，否則就不要想；而在進軍國際之前，務必先做到讓本地市場賺錢。假如不能經營本地市場，甭想在海外賺錢。

## 表現好的人有賞

我認爲，一家公司的薪津發放制度，應該要根據員工的個人表現而定。我覺得，我們必須逐漸接受一種做法：表現平庸者受罰，唯有傑出才能受賞。我向來採用這種方式：薪水，是雇用你來工作的錢；紅利，用來獎勵你表現得比預期更優秀；至於給你股票，是爲了讓公司股東更有錢。很多人以前年年收到我們公司股票，但後來我決定不發股票，就氣得跳腳。我是覺得，薪津的給付一定要依工作表現而定，否則這種發獎金的方式無助於公司達到所期望的績效。

長年下來，美國企業在精神上變成跟社會主義很接近，不去看員工的工作表現，而只要他在職，就會逐漸由基層往上升，辦公室愈換愈大，薪水愈領愈多。這眞是可笑的做法。

我打從心底相信，在行銷這個領域裡（事實上，整個人生也是這樣），你所做的每一件事，都會造成影響，只不過有的是好影響，有的是壞影響；應該要根據所造成的影響，對這個做這件事的人給予獎賞或處罰。然而，公司通常只獎賞優秀表現，事情做壞了的時候卻不處罰。員工也就變成做得好便期待有賞，做得不好反正不會有事。

不管是誰，被公司雇用來工作，或者找來專門負責某項任務，他就應該要達到公司對他起碼的要求。這是一種交換關係：我給你錢和若干好處，你來做我要你做的事。假如做出來的結果不對，這對於原先的計畫有什麼用？

**給你薪水，是因爲要你做好當初與公司講好的要你負責的工作，不管你在公司裡的職位高低；給你紅利，是因爲你的表現特別優秀，比你的職責所需更優秀。**

我和我的孩子在外面吃飯時常常吵架。因爲有時候，有些餐廳的服務實在糟糕，於是，吃完飯要結帳時，我就不按一般人的習慣給百分之十五的小費。我小孩不高興，說我讓他們在公共場所很難看，因爲誰不是給餐廳百分之十五小費的。

幾年前，我母親來我們家玩，晚上我們一行八個人去一家印度餐廳吃飯，那家餐廳服務眞是糟透了：食物冷的，飲料送錯，服務生整個晚上不斷出錯。買單時，餐廳向我們索討百分之十八的服務費，說是餐廳規定，如果超過六個人來用餐，服務費就要變成百分之十八。我很火大，把餐廳經理叫來，我說：「你小費不能算。」他不肯：「你看，我們這裡有寫，六個人以上來用餐，服務費要收百分之十八。」我說：「寫你個頭。我沒得到你們什麼服務。你小費不能算。」假如我那次不堅持，這家餐廳等於是偷了我的錢，而且還會繼續端出冷掉的食物，繼續維持那種糟糕的服務。

你在搭飛機時，有沒有遇過機位被取消的事？航空公司有沒有不先知會你，就把你的預定機位給取消？或者是由於航空公司自己接受了超量的預定，使得他們不得不取消掉幾個人的位子，而你碰巧就是被取消的人？遇到這種情形，航空公司是怎麼處理的？首先，他們不但會道歉，而且，假如是因為他們接受超額預定而使得你這一次沒機位，他們會送你一張免費機票。航空公司的人說：「我們超收了六個人的預定，有沒有誰願意放棄這一班，改搭其他班次？我們會送你一張免費機票。」航空公司承認自己的失誤，也真的有誠意彌補過失。據我所知，有幾條屬於聯邦層級的法令，規定航空公司在遇到類似狀況時必須如此處理。我舉雙手贊成。

我絕不是要你板起臉孔，一看到誰有怠職守就要他捲鋪蓋走人。（這似乎顯示，我容易心軟，沒辦法開口叫人走路。）我仍然認為，一家公司必須要有人情味，容忍員工犯錯，容忍員工有一段時間的表現不佳——不過，這些出錯的或表現不良的員工，必須得到某種形式的提醒，讓他們清楚知道自己哪裡做錯，哪些地方必須加強。所以，我的意思是說，當員工的表現不佳時，你不必給他們獎勵。

今日企業往往把紅利和認股權當成薪水的一部分，我覺得這是大錯特錯的做法。一個員工不能只因爲每天上班下班就可以得到紅利和股票。在我看來，給你薪水，是因爲要你做好當初與公司講好的要你負責的工作，不管你在公司裡的職位高低；給你紅利，是因爲你的表現特別優秀，比你的職責所需更優秀。至於給你認股權，是爲了獎勵你持續爲公司增加價值，以此表示公司希望你長久留在公司裡，繼續爲公司效力；所以，假如你在某一年的表現特別好，公司應該要給你更好的獎勵，不管紅利發放的比例如何，都應給你更多的股票。但這也表示，假如你的表現不好，你就應該受處罰，沒有紅利和股票可拿。

這樣做有一個好處，可以讓你建立一個以工作表現爲動力的組織，而不是一個員工只以進入公司爲目的的組織。每一次，我只要聽到誰說「我好想進那家公司工作」就火大，因爲這句話的意思是說，進入這家公司或集團比較重要，至於進去做的事好不好玩，有沒有意義，是無所謂的。像這種只爲了沾公司光環的人，只覺得自己屬於這家公司，卻不覺得自己眞正在爲公司做事，也不覺得自己需要爲公司的成敗負什麼責任。我不要這種人，我要的是工作夥伴。

# 無處不行銷

我談了如何雇用和如何獎勵行銷部門的員工，不過，行銷其實不是一個部門的責任，卻是全公司都有分的事。消費者每一次接觸到你的公司和你的產品，都會影響到他們對你公司的看法。因此，就某種意義來說，公司裡所有的人都有行銷的任務。

接電話的人，或者明明聽到電話響了卻不接電話的人，或者是那個設定接聽電話的電腦程式的人；送貨的司機是個好好先生或壞脾氣小子；製造廠商做工究竟仔不仔細；財務人員有沒有如期付款；採購人員講不講信用——這些人會與親戚朋友聊起自己的公司與工作，這些人會影響消費者考慮要不要來買你的產品。所以，你必須把所有環節的工作人員都當成行銷人員，必須讓他們都明白相關事宜，進入狀況，讓他們有熱忱幫你。換句話說，只要你能向一切工作環節所牽涉到的人把東西推銷出去，他們就會把產品賣出去。

我雖然沒有特別定一個章節談「明確的溝通」，可是我所說的，關於管理一個行銷部門的所有重點，都假設你會做到把話溝通清楚，讓所有相關人員都了解目標與策略。

**在商場上，相關的工作人員必須先知道行銷的目標，知道產品的定位如何，對消費者的好處何在，才能達成預定目的。**

在一九九一年的波斯灣戰爭中，所有的努力都針對一個目標在進行：務必把侵略科威特的海珊趕走。那段期間，媒體被大家罵，說他們一五一十把參戰士兵的反應都記錄下來；媒體本來是想要像當年越戰的時候一樣，把麥克風遞給士兵，聽士兵們說出他們以爲會出現的話，比方說「我眞的不想上戰場，我想回家」，「我想念我老婆」等等。可是，在波灣一役裡，士兵們的反應讓媒體嚇一跳，他們說：「我們知道自己來這裡的任務，我們是要把海珊趕出科威特，只要達成任務，我們就可以回家了。」但在越戰時期，沒有人知道自己所爲何來。在波灣戰爭中，與士兵把話講淸楚，讓大家的目標一致，是爲了同仇敵愾。

在商場上，相關的工作人員必須先知道行銷的目標，知道產品的定位如何，對消費者的好處何在，才能達成預定目的。而這是公司全體都要明白的事，公司上上下下都有責任說服消費者來購買公司的產品。

## 清晰而明確的溝通

一個企業組織能不能有光明的未來，全仗這個組織有沒有做到清晰而明確的溝通，是不是全公司上下都明白競爭重點之所在，同時在競爭之中成功運作。成功的基礎，是由很多事累積而成的，所以你手下要有很多反應敏捷的人，做法有創意，又能獨立作業。假如沒有把話溝通清楚，你就會看到一堆人像無頭蒼蠅似的忙上忙下，而就算你眞的擁有那麼幾個聰明的部屬，他們也各做各的聰明事，但是結果互相衝突或抵消，而這必然造成混亂。

當我在向公司內部人員推銷我的產品策略和計畫時，我腦中想著的是產品的消費者行銷策略和計畫。我必須把這產品的好處表達得很淸楚，必須把爲什麼要這樣做的理由描述得很有吸引力；我必須把事情說得很立體而生動，用好多種不同的表達方式，來讓全公司的人都了解自己在這樁策略當中的任務。換句話說，在向公司內部人員說明時，我也有一套策略。

**行銷太重要了，不能只留給負責行銷工作的部門來做。**

我認為，在向公司內部人員推銷產品時，不能叫大家到公司大會議室集合，然後從螢幕中放出幾支廣告片，這樣是沒辦法向他們把話說清楚的。你必須設計活動，讓人員分成幾組，就像你會針對不同消費族群設計出不一樣的行銷策略一樣，你也得考慮公司員工、經銷商、廣告商等等所有相關人員的不同特質。

當我說，全公司上下的人都與行銷工作有關時，我並沒有暗示所有人都要向行銷總監提出相關工作報告，也不是說一個公司的總經理非要懂得行銷事務不可（不過，假如他懂，也不壞）。我是說，你身為行銷人，必須懂得一件事：你在公司裡，面對的也是一樣米所養出來的百樣人，而你必須讓這些人全都了解：行銷太重要了，不能只留給負責行銷工作的部門來做。

當行銷人在向同公司的人宣揚理念時，就是在公司裡招募同志，一同為銷售產品而努力，而且，行銷人也要向前跨一步，擔任領導人的角色，為公司決定應該要製造生產怎麼樣的產品。在過去的日子裡，是由科學家或製造商拿著產品給行銷人，要行銷人把產品賣出去。有時候行銷人員能達成任務，例如鐵氟龍不沾鍋和自黏便條紙。可是，在未來，事情要反過來進行：熟悉市場的行銷人要走出來，告訴公司其他部門的人：「我覺得這個東西會賣，請把它製造出來吧。」

就最基本的意義來看，我不認爲有哪一家公司只是製造業或專攻生產而已；不管是生產或製造某種產品，在我看來，都是行銷。因爲，光靠生產製造是賺不了錢的，必須把東西賣出去才有進帳。一家航空公司光有良好的航線設計沒有用，必須要有顧客願意買機票才能賺錢。一家汽車公司光是產製汽車沒有用，必須把車賣出去才能賺錢。一家水泥公司就算有再好的原料和設備，如果不能把水泥賣出去就是賺不了錢。同樣的道理到全天下都一樣。所以，公司上上下下都要留意，找出方法把產品賣出去，這樣才能爲公司賺錢。而這又必須做得徹底，不能只是想到了才做。公司人員必須知道自己在整件事當中的角色，才能付出自己的一份行銷力。

## 聽專家的話

不過，儘管大家都要爲公司的行銷工作出一份力，但職權的界限還是要釐清。很多公司會安置一些跨部門的工作小組，我覺得這是錯誤做法。就我所知，這類的跨部門工作小組別的沒多做，倒是用公費吃了不少便當。當然，我相信團隊工作的重要性，小組裡的人應該貢獻腦力，讓組裡其他人都明白他對於銷售的意見與看法。可是，那種讓技術人員在促銷或廣告片等市場執行的問題上參一脚，讓法律人員大談產品定位或品牌經營的小組會議，簡直浪費時間。

你需要的是，聽技術人員談如何改良產品的製造與生產，由法律人員提出考量，以免不小心違反了法令或踰越倫理道德的界限。像這種工作小組，當然最好能把各種最棒的人才集合在一起，他們各擅勝場，爲著同一目標而努力；千萬不要弄來一些不懂行銷的人，針對自己外行的事情胡說一通。行銷的策略與手法就應該交由行銷人員負責，這是他們的職責所在。

**你叫個做行銷的人去評論某個律師的案子應該怎麼辦，你看這個律師高不高興，他一定馬上會說，不對，根據某條法律，事情應該是這樣。**

別人常說我對於這一點的態度太不知變通。我則每每這樣回應：「你叫個做行銷的人去評論某個律師的案子應該怎麼辦，你看這個律師高不高興，他一定馬上會說，不對，根據某條法律，事情應該是這樣。」術業有專攻，請大家在自己的專業位置上發言。

如果你打算在將來還能持盈保泰，你就得雇用許多優秀的行銷人才，讓他們有機會負責聰明的、有創意的計畫。不過，你不能把行銷的事情完全丟給他們，而必須讓公司全體都願意與你配合。因此，你要把話講清楚，讓全公司的人都知道行銷人所負擔的重任，以及他們做了些什麼成績。

假如你能這樣做，你會得到兩重效果。第一，你要讓工作環境變得能夠鼓勵大家各司其職，各盡其力；第二，你揭開了行銷的神祕面紗。當大家都知道了行銷人在做什麼，他們就會理解，喔，行銷不是藝術，而是科學；行銷不是光會花錢，而是講求投資報酬率的，而且，大家會知道，一家公司不能不做行銷，也才會知道自己應該爲此出力。

# 10

# 我親愛的廣告代理商

## 尋找門當戶對的廣告公司

我做了兩件事，嚇壞了整個廣告業。

首先，我拋開習慣做法，

不再只讓一家廣告公司一手包辦我們公司的所有廣告，

改成與好幾家廣告公司合作，讓每一家負責不一樣的案子。

其次，我改變了付款方式，

不再依照上廣告的情況付錢給拍片的廣告代理商，

改成在廣告片拍出來後，依照結果來視情況付錢。

當我捨棄了與可口可樂公司有四十年關係的麥肯公司不用，

這等於丟了一面黃色警告旗給廣告業界；

而當我把廣告業務分別交付給六家廣告代理商時，

簡直像是扔出了一枚炸彈。

在我的行銷工作生涯中，與廣告公司打交道的這部分，使得我惡名昭彰，也時時讓我心生感嘆。假如到廣告公司雲集的紐約市麥迪遜大道上提起我的名字，你會聽到各式各樣的評論與話語；有的說得比較委婉：「他啊，他就是Aya-Cola本尊。」至於說得不客氣的呢，嗯，我不知道會是些什麼難聽的東西。

我很希望，以後的人在提起我名字時，會認爲我確實有一些眞正特殊的貢獻，因爲我使得行銷工作在企業組織裡變成可以「合法」存在，並讓行銷成爲一項嚴肅且必要的商業環節。我個人的神聖任務是說服大家，行銷是在做生意，而行銷人就是生意人。我討厭有些公司動不動就刪減行銷預算。我討厭有些公司在定下了產品的生產和設計決策之後，才把東西丟給行銷人員，要他們想辦法賣出去。我也討厭有些人對於行銷人的聰明才智不屑一顧，認爲這些人「只不過是做行銷的」。

我的任務之一，就是要讓大家知道，好的行銷就是好的生意。可是啊，三十年過去，我運用幾兆美元的行銷預算，獲得無法計數的報酬，到頭來仍然落得被許多人說成是「那個把廣告公司整得很慘的傢伙」。

所以，我要在這一章裡矯正大家的錯誤認識。我要告訴大家，爲什麼我認爲廣告產業必須有所改變，傳統的企業與廣告代理商的關係有什麼地方出了錯；我也要解釋一下，爲什麼我儘管因爲表達出這種看法而被批得一塌糊塗，但我面不改色。（最重要的就是本書的基本觀點：廣告業和行銷業一樣，不是故弄玄虛的工作，也不是在變魔術、拿獎牌，甚至譁衆取寵。事實上，廣告和行銷關乎賣東西，關乎提出策略和測量結果，關乎掏錢做投資以求更多利益。）

## 爲什麼廣告人恨我？

儘管我有惡名在外，但我其實蠻喜歡廣告公司的，也挺欣賞廣告業裡不少創意十足又熱力四射的人物。我工作生涯的早期幾年，是在麥肯廣告公司工作，分別待過麥肯的墨西哥、紐約和日本分公司，學到很多。不過，也許正因爲我是喝廣告業奶水長大的，因此我深知廣告業的潛力與限制。我知道老式廣告業做法的好好壞壞，也很淸楚是哪些原因影響廣告業的表現。所以，當我進入可口可樂公司負責行銷事務時，我決心要做一些變革——我不是要標新立異，而是渴望能找出有沒有更好的方式與消費者溝通，以達成我所背負的任務，賣出更多可口可樂。我既然知道，好的廣告公司明明都曉得怎麼樣才能把事情做好，但當他們不這樣做時，我很失望。

於是，我做了兩件事，嚇壞了整個廣告業。首先，我拋開習慣做法，不再只讓一家廣告代理商一手包辦我們公司的所有廣告。然後，我改變了付款方式，不再依照必須花多少錢來上廣告的情況付錢給拍片的廣告代理商。我改成與好幾家廣告公司合作，讓每一家負責不一樣的案子，而且等廣告片拍出來後，依照結果來視情況付錢。如此這般，當我捨棄了與可口可樂公司有四十年關係的麥肯公司不用，而找SSC&B爲我們推出健怡可樂時，等於丟了一面黃色警告旗給廣告業界。而當我把廣告業務完全從麥肯手中抽走，分別交付給六家廣告代理商時，簡直像是扔出了一枚炸彈——等我連付款方式都改變了，炸彈也就轟一聲炸開了。

**當我把廣告……交付給六家廣告代理商時，簡直像是扔出了一枚炸彈——等我連付款方式都改變了，炸彈也就轟一聲炸開了。**

由於我引起了這些麻煩，所以，當我聽到通用汽車和寶鹼企業終於在最近宣佈要改變付錢方式，還有幾家廣告公司表示，將要開始根據所拍出的廣告片來計算酬勞——我可眞開心。我想，換成這種做法以後，業界可以更上一層樓，廣告公司也可以獲得更符合實際努力程度的報酬，更重要的是，這樣可以刺激業界做出更優秀的廣告。我始終認爲，可口可樂應當享有最棒的資源，不必退而求其次。

首先，我的基本廣告理論是：廣告應該要有效果，而且廣告眞的會有效果。我這個看法，產生於早年我在寶鹼企業墨西哥公司做事的時候。有一次我們要推出一種洗衣粉，是一種加了酵素的新產品，我們就在思考，如何改變消費者的習慣，讓他們不再買習慣使用的強效洗衣粉，而改買我們這個新產品。我們找了一家墨西哥本地的廣告代理商，一同想出產品名稱，叫做埃力爾，設計出印有原子符號的新包裝。然後，他們做出了其棒無比的廣告。

那時候的墨西哥，沒有幾戶人家買得起洗衣機，洗衣服的工作都由婦女用手洗。對於主婦和中產階級所雇的女傭來說，想把先生或主人的白襯衫洗得雪白如新，眞是件吃力的苦差事。假如能有一部洗衣機，那該多好啊！所以，我們這家優秀的「諾博一夥」(Noble & Asociados) 廣告公司，以「埃力爾洗衣粉讓水桶變成洗衣機」爲基調，拍出了廣告。廣告片中，一個大水桶裝滿了待洗的衣服，然後倒了一些埃力爾洗衣粉進去，這時，水桶開始攪動，像洗衣機似的左轉右轉。這支廣告所要傳達的訊息非常清楚，也把產品的基本主張表達得淋漓盡致。結果：產品狂銷。

從這次經驗中，我發現廣告的威力。我猛然發現：廣告可以把產品賣出去，此事千眞萬確。從此，我逐漸相信，既然「好的」廣告有效，那麼豈能勉強接受不好的廣告？

又何必花錢做不好的廣告？不能達成效果的廣告，不做也罷。

這一課，我一輩子不忘。

## 廣告業發展簡史

然而，廣告業裡很多人就算學到了我這一課，後來卻又忘掉了。造成他們不再記得這一課的原因很多。其一，在廣告業剛剛露出雛形的時代，小公司行號的老闆已經知道，做一點廣告對業務有幫助，可是他們公司裡沒有行銷部門，自己又不懂半點廣告的招數。可是這些小老闆曉得，假如他們在街角開了家花店，那麼，在門口放塊招牌，可以多招攬一些顧客上門；假如去印傳單或做廣告，告訴大家：「我在街角有家花店，花兒新鮮美麗，價格公道。」這種向大家解釋自己產品好處的做法，的確能吸引顧客。可是呢，這些小老闆們忙著向批發商切花，忙著包紮裝飾，雇人來幫他送花，忙得沒有時間學做廣告。他們需要有人幫忙。

**廣告公司忘了，做廣告的目的是希望能實際賣出產品，而廣告公司的主要任務在於做出有效的廣告。**

於是，廣告商應聲而至，他們變成媒體、創意設計、生產技巧方面的專家，而且還發展出一套做消費者研究的工具，不折不扣變成老闆們的行銷大軍。最早發展出產品定位和行銷策略概念的人，的確是廣告公司沒錯，指導客戶如何做事的人，也是廣告公司。

這樣一路發展，廣告公司基本上認爲客戶搞不懂廣告公司在做什麼。而也就是在這段時期，廣告業變得自以爲是，擺出一副「我有祖傳祕方」的姿態，把行銷說得像是一門無法測度的藝術。「相信我，你只管付我錢，我會幫你做到你絕對不可能自己達成的結果。」他們說。「你絕對不懂這部份的事啦，這也沒辦法測量，所以，你根本不要奢望能學會。」他們還這麼說。

廣告公司製造出這一套迷思，並且要客戶接受這種胡說八道的論調，而自己也信以爲眞，這才是天大的錯誤。廣告公司爲了賺更多錢，於是拓展業務範圍，爲客戶撰寫演講稿，籌備各種研討會，做公關，提供「全面服務」。他們以爲，這樣一來，客戶就更少不了他們了。也許，客戶一時還眞少不了他們。然而，由於廣告公司一心多用，就算他們沒有失去對廣告本業的興趣，多少也已經分心了。廣告公司忘了，做廣告的目的是希望能實際賣出產品，而廣告公司的主要任務在於做出有效的廣告。做廣告，反而變成廣告公司的業務「之一」而已。

# 獎杯不會幫你賣東西

我看著事情發生：這麼多年來，廣告業蓬勃發展，媒體科技愈來愈眩目，廣告公司之間的競爭激烈，然而，他們不是在比賽誰比較會賣產品，卻是在比別的東西。「我們公司很大，接的案子很多」；「我們手上有某些大客戶，所以，假如你也希望自己的公司顯得很大很重要，就要來找我們」；最糟糕的是說：「我們拍的廣告片得很多獎，很受業界的評審委員肯定（其實自己就是評審委員），我們的廣告很有創意，拍得很性感，很新潮。哇塞，我們最厲害！」

今日廣告公司所在乎的東西，所用來肯定自己的標準，完全不符客戶所需，因爲客戶要的是能夠賣出產品。我相信，廣告業界之所以發展出各種廣告獎項，是因爲廣告公司迷失了方向，變成只以廣告亮不亮眼、有沒有創意、有沒有生產價值當成標準，用來衡量是不是做出了好廣告，而不看重這支廣告是否有效。

**廣告獎通常只看做出來的廣告影像有沒有意思，可是，得了獎和有意思的影像並不能讓產品賣得更好。**

我說，有效的廣告的確需要創意和生產價值，而我也不反對廣告業界爭奇鬥艷，亮出自家的好作品，看誰能得獎。因爲我知道，當一項產品在市場上表現優異時，通常只有這家生產產品的公司得到肯定，廣告公司不太有機會直接得到大衆的讚賞。所以，廣告業才想弄出廣告獎，業界的自己人聚在一塊兒，評定誰可以得獎。這是廣告人尋求得到社會大衆肯定的一種方式。

我覺得這樣挺好的，廣告業者互相觀摩與肯定。可是我的問題在於：廣告獎通常只看做出來的廣告影像有沒有意思，可是，得了獎和有意思的影像並不能讓產品賣得更好。有太多知名品牌的廣告很好看，贏了某某大獎，但是那一年該品牌的營業下跌，這類故事講一天都講不完。

廣告的任務是要對消費者說話，讓消費者知道產品的好處，而不是只注重影像，冀望用影像就能提高銷量。廣告也必須有一套與產品本質有關的明確策略，然後用有力的方式把策略表達出來：因爲這樣，所以你應該投我一票；因爲這樣，所以你應該買這項產品；因爲這樣，所以你應該多買我這個產品，多多用它，不要買回家了卻收起來不用。這才是賣東西的方法，才是做廣告的方向。

八〇年代，可口可樂公司的廣告拍一群孩子坐在山丘上高唱「我要教全世界的人唱歌」，拍足球選手壞蛋葛林大口喝著可口可樂，兩支廣告都沒有提高銷量，在美國的市場甚至稍微下跌。因爲這樣，後來才會考慮要推出新可樂。

如果廣告公司想要犒賞自己，沒什麼問題，可是不要本末倒置，以爲得了獎就會增加你品牌的消費量。你要知道，給你獎的人是廣告人自己，卻不是消費者。然而，消費者才是眞正重要的人。

## 策略來自客戶

假如你仔細思量我前面所說的話，我想你應該會覺得，我把可口可樂公司的廣告業務分給好幾家廣告代理商負責，是一項合理的決定。因爲我不認爲我們已經做出最有效的廣告了，而我希望能有所改進。有人以爲，我是在摩拳擦掌，展示自己的權力。錯了，根本不是這樣。我只是希望能用更好的廣告幫我把產品賣更多。而我知道，好的廣告能幫助銷售。

不過，持平而論，我必須承認，我的確也有一點意思是要把落入廣告代理商手中的決定權給奪回來——可是，這不是爲了增加我個人的權力，而是因爲我認爲，身爲可口可樂公司的行銷人，我有義務讓廣告代理商知道，有些事情應由我們作主，而不是像他們一直以來所以為的，他們可以代替我們決定。說實話，情況會變成廣告代理商以為有權決定某些事情，並不是由廣告代理商單方面造成的，而是因為很多企業多年來就任由廣告代理商決定自己的策略。這是很好笑的事。畢竟，一家公司如何追求利潤和附加價值的成長，應該由管理高階負責；也許高階主管可以把「事權」往下授權，但自己肩上的責任是卸不掉的。而且我相信，假如說一家公司的經理階層是有責任的，那麼他們就必須做出決策，並且推動決策的執行。

**一家公司的管理階層，比他們的廣告代理商更清楚自己公司的位置，所以更能做出正確的決策。**

我剛進可口可樂公司做事時，廣告策略是由麥肯負責擬定。麥肯自己做研究，做研究的那幾個人也很聰明。麥肯花了很多錢進行相關研究，然後來向可口可樂公司報告：「我們的看法是這樣的；我們想如何如何定位，如何如何做廣告。」我在那個時候就不接受他們的報告，現在也還是不接受。哪有一家公司的決策可以由外人代勞？

這還不只是責任的問題。一家公司的管理階層，比他們的廣告代理商更清楚自己公司的位置，所以更能做出正確的決策。廣告代理商哪需要像管理階層這樣深入了解公司，多方蒐集資訊？所以，廣告代理商從來做不出經過全盤思考的正確決策，因爲他們不可能獲得完整的資訊。這不完全是廣告公司的錯，但事實就是這樣，沒有任何公司願意向外人一五一十揭露自己內部的運作情形。

假如公司不肯說出全部資產、再投資的比率、成長策略，以及資源的利用與分配等等情形，廣告代理商就無從得知這一切，更談不上把這些都列入考慮。因此，在公司的目標與廣告代理商所做出來的廣告之間，總是銜接不上；儘管廣告公司可能已經盡全力了，但他們是在眞空狀態下盡力。

此外，廣告代理商自己不肯對客戶完全開放，也使情況雪上加霜。廣告公司老是在雲霧裡說話，滿嘴廢話，老是說廣告是無法測量結果的工作。我無意處罰他們，但我覺得，廣告公司這套廣告黑盒子的論調，才眞的是在玩權力遊戲呢；而廣告公司顧著玩這種爭取權力的遊戲，導致沒有全心全意把自己份內的事做好。

## 哪些事才輪到廣告代理商來做？

既然，策略該由公司管理階層來擬訂，那廣告代理商該做啥事兒？廣告代理商就去做自己擅長的事——他們比任何企業員工都拿手的工夫：製作出能夠把產品定位與公司策略傳達給消費者的廣告。廣告公司與許多不同的企業客戶合作過，所以了解消費者行爲模式，也許他們不會把經驗直接從前一個客戶轉換到下一個客戶，但他們畢竟接觸到各種不同的企業策略，看過多種研究結果，所以對於當今趨勢、產品、類型和局勢有一定的認識。而且，廣告公司一身的創意和製作功夫，可以把這一切都消化吸收，然後提出一套完整的溝通方式。我認爲，應該由客戶提出他們要向消費者說什麼話，然後，由廣告代理商找出最有效的方式，把客戶想說的話說出來。

一旦你決定用上述這種方式區分客戶與廣告代理商的角色，那麼，是不是只交托給一家廣告代理商，就不重要了。因爲，決策來自公司本身，所以你可以有一套策略，但找好幾家廣告代理商來合作。以我的例子來說，同時找幾家廣告代理商，這舉動本身甚至就是策略的一部份。因爲我想要爲每一種產品都打出強烈的品牌印象，用最有效的方式在全世界銷售。

以前，在可口可樂公司裡，沒有人敢開口說要依不同市場而製作適合各市場的廣告，卻必須使用「樣板廣告」，也就是說，紐約總公司做出六支或八支廣告，然後全世界的市場把這些廣告翻譯成自己的語言，照章搬演。當然，你現在應該已經知道後來的情形了：我不相信這種穿制服式的做法能奏效。

我一直算是個不錯的行銷人，而我多年來都能有不錯的銷售成績，是因爲我認爲事情要有區別。跟別人長得差不多的東西，賣不好。唯有「不一樣」才賣得出去。就算產品或人看起來很類似，還是得找出或創造出其中的不同，並且強調它們之間的不同。所以，假如你所置身的產業是必須製造出利基的產業，你就需要用廣告來滿足各種利基。假如有一個東西適合所有人用，它就不會眞正對每一個人都合身。

我不認爲，像萬寶路這種以牛仔氛圍所營造出來的美國味香菸品廣告牌，在智利和厄瓜多爾可以運用同一套元素運作。不同的市場裡面，有某些元素是有天壤之別的；所以，一個廣告品牌會因爲在不同的市場裡加入了不同的元素，而使得內涵更豐富。

## 在每一個市場都找最棒的人才

假如，你像我們可口可樂公司一樣，在全世界一百五十個國家擁有上百個品牌，你就得針對各個市場而採用不同的方式來對消費者說話。因此我覺得，可口可樂公司管理階層的每一個人，都有權針對每一個品牌擁有一整組的工作人員，然後做出最棒的廣告。

沒有哪家廣告公司在我們所有的市場中都是表現最優秀的，也沒辦法在它自己所參與的所有市場都做到最棒。（也許，只有在一個理想世界裡面，才有這麼一家廣告公司。）

因此，我們要善用全球各地的各家廣告公司的資源，在每個國家都追求最大利益與成長。

在我的經驗裡，全世界的廣告公司當中，只有大約三分之一是一流的公司，有三分之一還算ＯＫ。幸好，幾個優秀的新一代廣告人，例如麥肯的杜納（John Dooner）和奧美的工作團隊，開始大力調整公司結構，有機會成爲強悍的公司。

同時，我們要爲每一個品牌各找一家廣告代理商，因爲，品牌經理有權獲得一家願意全心全意照顧他品牌的廣告代理商來配合，而不是要與別個客戶的產品，甚至是自家公司的其它品牌爭取廣告代理商的時間與寵愛。當一個品牌經理希望能追求品牌的最大成長時，就需要有人一天二十四小時都在爲他動腦，而不是一天只分配幾個小時給他。

**麥肯是一家好公司，某些客戶會希望永遠與麥肯合作，但那時候麥肯裡面負責可口可樂的人和做法，不適合我們。**

我們打算要推出健怡的時候，仍然想和一向負責可口可樂的麥肯合作。在這同時，可口可樂公司在嘗試推動「公事包管理法」，這做法是要在每一個品牌四周築起圍籬，讓子品牌或延伸品牌具備某些特色，免得品牌家族當中某個成員的弱點被凸顯。當然，這樣做會有問題，因爲競爭對手也很厲害，他們會趁著你在保護自己品牌不要互相傷害的時候，搶走市場。總之，我們找了麥肯公司來，希望麥肯在經營健怡時，不要傳達出任何與原可口可樂品牌不一致的訊息。

然而，麥肯一拿到我們的委託，竟然回頭去找當時可口可樂公司的總裁，保羅・歐思汀（Paul Austin），拼命跟他說，推出健怡是不智之舉。於是，歐思汀發了封信給唐・凱歐（Don Keough），當時總管可口可樂美國業務兼健怡開發案的負責人。健怡的案子被腰斬。

後來，新任的公司總裁兼董事長葛瑞巴上任，凱歐爭取到葛瑞巴的支持，願意重新籌備健怡計畫。我說服了凱歐，一定要去找這家SSC&B（現在的Lintas Ammiratti Puris），歐凱說好。我立刻衝往機場，飛去紐約與SSC&B簽約。就這樣，迅雷不及掩耳，我在麥肯之外有了第二家配合的廣告代理商。大勢已定，無可修改。

SSC&B果然表現亮眼，成功爲健怡做出定位，並且完全不考慮健怡會對母品牌造成什麼影響——那是麥肯要擔心的事。

有了這次經驗，於是在要推出新可樂的時候，我們請麥肯配幾組人來經營新可樂，結果做出非常理想的東西。而就如同許多人知道的，新可樂以非常快的速度推出，但問題在於消費者不喜歡新可樂所傳達出來的訊息。

雖然麥肯在新可樂這件事上表現不錯，可是當塵埃落定後，我們認爲，麥肯不適合繼續做可口可樂。因爲麥肯打算讓可口可樂回到從前，在新可樂出現之前的樣子。然而，可口可樂經過這一番新可樂的搗蛋之後，已經改頭換面，也已經與美國消費者建立起新的關係，我們覺得，有必要換個新面貌。麥肯不表贊同。於是，我們把可口可樂交給SSC&B，把透明太柏和其他產品給麥肯，以示彌補。整個過程很折磨人，可是一定得經歷這種痛苦。可惜，我一九八七年離開可口可樂公司後，不到三個月，麥肯就又拿回可口可樂了。

我們與麥肯之間的問題，顯示了兩大重點。第一，以健怡來說，由於經營可口可樂品牌的廣告公司太投入、太保護品牌了，使得他們沒辦法給健怡一次機會，也不願意給。其次，對於如何讓可口可樂走下去，我們與麥肯的意見不同，顯示了我前面說的，你不可以讓廣告代理商代替你定出策略和定位。沒錯，新可樂的確是把局面搞得亂七八糟，然而新可樂畢竟是調整了可口可樂與消費大衆的關係，我們不想讓它回到以前的樣子。麥肯是一家好公司，某些客戶會希望永遠與麥肯合作，但那時候麥肯裡面負責可口可樂的人和做法，不適合我們。

# CAA經驗

後來，伊維思特接任可口可樂美國公司的總裁，他也決定要在麥肯之外再找別的廣告代理商合作。這時的可口可樂公司，東花錢西花錢，卻沒有得到期待中的成績。所以，伊維思特決定要用「創意藝術家」公司（Creative Artists）來拍廣告，也找其他廣告代理商做別的事。在我看來，可口可樂公司並不相信「創意藝術家」這家跳脫傳統的公司能做出什麼名堂，所以伊維思特才會又來找我，要我搭配麥肯，同時進行另一個替代的廣告案。當創意藝術家的作品送來，我很快就知道這是高手之作。

這時候，我正在愼重考慮要不要歸隊，回可口可樂公司。伊維思特叫我參加CAA的第二支廣告企畫案的會議。CAA的兩大主管，歐維茲（Michael Ovits）和哈柏（Bill Haber），率領著他們的創意小組，與我在同一時間到達開會的地方。我從他們看到我的神情當中知道，他們不高興見到我。不過，會議才開了十五分鐘，我們就發現彼此氣味相投。這幾個傢伙眞厲害，一下子就掌握了重點，而且自此改寫了可口可樂公司所有品牌的廣告方向……至少，我在可口可樂公司裡工作的時候是如此。

找CAA來合作，可以進一步說明爲什麼我認爲應該要多找幾家廣告代理商。我不管別人的看法如何，我認爲，每一家廣告公司各有所長，總是有某些地方比別人強；當然還是可以多方面負擔任務，但總是在某些項目上特別厲害。我認爲，應該依照品牌的需求與和活動的需求，來尋找具備合適的才華與技巧的廣告公司。你品牌的需求，和你所找來的廣告公司必須「門當戶對」。

**他們運用了讓消費者印象深刻的新技術和現代手法，爲我們的品牌精神增添了現代感。CAA所做的廣告，讓我們的銷售數字上升。**

可口可樂會願意用創意藝術家公司，就因爲他們不是一家傳統的廣告公司，他們對於廣告也有一番嶄新的見解。在歐維茲帶領之下，CAA這一群人很懂電影，他們了解各式各樣的電影製作技術，對於好萊塢的運作知之甚詳，同時，他們曉得什麼東西正當道。知道這些東西很重要嗎？是的，很重要。因爲消費者對於電影、動畫、特效和種種流行話題有感覺，不管那是帶感傷色彩的，是快動作的，或是可愛的小動物畫面，消費者都會有反應。CAA在製作電影方面的歷練，讓我們擁有了一間實驗室，可以不斷嘗試新技術與手法，而這家實驗室所做的東西可以吸引消費者進入電影院。CAA能夠從一套孕育自電影工業的角度和製作能力來觀察消費者，然後把我們的品牌形象加進來，轉化成很棒的廣告。

不用說也知道，這種做法與傳統方式截然不同。我不確定CAA這群人知不知道自己的做法很跳脫傳統，知不知道自己在做什麼，可是，他們對於消費者行爲有敏銳的見解，把看法轉化成與品牌有關的影像，希望能吸引消費者常常來買我們的產品。他們運用了讓消費者印象深刻的新技術和現代手法，爲我們的品牌精神增添了現代感。CAA所做的廣告，讓我們的銷售數字上升。

與此同時，我們也採用了底特律的多納（W. B. Doner）公司。多納公司與很多零售商合作過，比其他廣告公司都了解零售業。他們做出了幾椿案子，在幾個特殊節日裡讓消費者對可口可樂產生感覺。例如他們在聖誕節推出一打可樂的禮品包裝，放在聖誕樹下，又做出應景的電視廣告，象徵溫暖氣氛的聖誕歡樂馬車隊出現，載運可口可樂的卡車進了城，裝飾的燈光逐一亮起——在這一年當中的採購高峰期，這些元素讓消費者想到了可口可樂。所以，假如你希望自己的品牌能讓人想起零售，找多納公司就對了。

另外，我們雇了聖路易的達美高公司（DMB&B）來與藍領上班族市場溝通。達美高做過百威。而由丹威登（Dan Wieden）帶領的威登•甘乃迪公司（Wieden Kennedy），讓我們懂得如何善用我們在運動方面的資源與關係。我們與這家威登・甘乃迪公司最早是因板球結緣的，在世界板球冠軍賽中幫我們在印度、孟加拉等國家做廣告，後來，威登又與我們在足球、美式足球和籃球等比賽配合。威登・甘乃迪公司很懂得消費者在運動比賽中的心理。然後，我們再找麥肯負責我們在中亞和拉丁美洲的幾個品牌，因爲麥肯在這兩區的表現優異。

**如何爲品牌找到適合的廣告代理商，是一門大學問。**

細看全世界廣告公司的結構，情況都大同小異。不管在什麼國家，總是會有幾個傢伙因爲自己的看法不被公司接受而離開。廣告公司所吸引進來的人，有的是在某方面的能力特別優異，有的是特別喜歡在某種環境中工作。至於經營廣告公司的人呢，不是大衛・奧格威（David Ogilvys）就是比爾・柏恩巴克（Bill Bernbachs）這類有遠景與夢想的人。而貝克・施皮爾佛格公司（Backer Spielvogel）也是這樣。比爾・貝克（Bill Backer）和卡爾・施皮爾佛格（Carl Spielvogel）本來是在麥肯負責美樂啤酒，後來離開麥肯，帶著豐富且優秀的啤酒廣告經驗自己開公司，在飯店租個房間當辦公室，從這樣開始，逐步建立事業。現在，貝克・施皮爾佛格已晉身爲一家大公司。

克理夫・符利曼（Cliff Freeman）深諳幽默之道，我想，會進入他公司的人，也是喜歡幽默的人。這家公司的幽默風格，來自於多年來所做的小凱薩披薩（Little Caesar's Pizza）廣告。而上通公司（BBD&O）在百事可樂、通用家電、富力多雷洋芋片（Frito-Lay）的表現，無人能出其右，所以，上通吸引了那些想要與這類公司和產品做事的人。

我的意思不是說廣告公司不能發展別的長處，而是說，各家廣告公司各有所長，個性不同，風格殊異。因此，如何爲品牌找到適合的廣告代理商，是一門大學問。符利曼公司負責過可口可樂公司的一些產品，做得很好。但是我在爲美樂啤酒當顧問的期間，與符利曼公司配合過，經驗讓我覺得，符利曼公司與可口可樂公司是不搭調的。（符利曼公司的老闆大概不同意我的看法。）

那麼，我這樣說，是認爲不應該只找一家廣告代理商來負責全世界市場的廣告囉？我絕對沒有這意思。很多時候，國際性的廣告公司可以提供某種連貫性，以及豐沛的資訊來源。假如你自己公司裡沒有專責提供資訊的部門，倒是可以考慮找廣告公司爲你提供這種連貫與源源不絕的資訊。麥肯的網絡就可以給你這種東西。但是，假如你決定要用一家國際性的廣告公司，你自己就要很明白，知道自己要的是連貫性，而且知道你的確是爲了這個原因，才要與一家國際性的廣告公司合作。但這種方式不宜太長久，因爲行銷是你公司業務的核心，你必須在自己公司裡面有專人來提出自己公司的見解，並參與所有工作環節。廣告公司畢竟是外人。我停掉了可口可樂公司與麥肯的合作，找來好些個廣告代理商分別負責，因爲我在自己公司裡面已經培養出優秀的行銷人才。我不需要別人幫公司擬定策略，我只需要全世界最棒、最願意做這件事的廣告代理商和工作同仁，爲公司製作出廣告。

## 我花該花的錢，你做應做的事

當我對外宣布，可口可樂公司不再付佣金給廣告公司，而只按照合作案付給酬勞，整條麥迪遜大道可氣死了。廣告業界擔心，我們這樣做會折損了他們的利益；當我以後打算花錢做廣告，比方說是我們有個機會了，或者遇到問題或危機了，這時候廣告公司會變成無法分到一杯羹，因爲他們沒有佣金可拿。我答覆說，這樣做，對於我們可口可樂公司和廣告公司都有好處。我到今天仍然這樣認爲。因爲我希望，來做我可口可樂廣告的人，是全世界最有創意的人，所以我希望能讓廣告代理商擁有可預期的收入，讓他們可以雇用有創意的人才。如果說，我因爲廢掉佣金制度而連帶削減了好處，那我同時也把佣金制的壞處給除掉了。

很可惜，很多公司的高級主管仍然認爲廣告是一種開銷——只要這種看法不改變，許多公司以後還是會不問廣告有沒有效用就刪廣告預算。我在可口可樂公司裡努力與這種心態抗爭，但我不敢保證，我不會因爲必須考量某些政治因素或經濟危機或別的原因而刪減廣告經費；所以我只能做到，讓廣告代理商可以不管我們這邊的行銷想法有沒有起變化，都會收到我們所付的錢。聰明的人，聽了我的解釋就立刻明白我的用心；至於不懂的人呢，請繼續傷腦筋吧。

我是覺得，廣告公司應該和你我一樣，獲得恰當的報償。我們因爲認眞工作，生產力不錯，所以有薪水可領，有高級辦公室可用，有紅利可拿，搞不好還配到股票。（我不完全贊成廣告公司採用認股制，不過，我這裡不是在發表意見，只是在舉例。）廣告公司應該要因爲自己的付出而得到報酬，不必管客戶發生了什麼情況。如果廣告公司付出了力氣，卻必須視客戶的狀況好壞才知道能不能得到報酬，那麼他們就會因爲客戶要勒緊褲帶而跟著節衣縮食。可是呢，當一家公司要勒緊褲帶的時候，往往是最需要用好廣告來拉業績的時候；因爲希望所花的每一分錢能更有效，能夠讓公司走出必須勒緊褲帶的泥淖。

**假如你只肯付廣告公司幾毛錢，你就只能賺到幾百元。**

我第二度進可口可樂公司時，各地廣告公司所收取的佣金，林林總總加起來，大約共佔我們收入的百分之二十五到三十。廣告公司對此自有說詞，說他們在另一個國家的案子是賠錢的。於是我說，那這樣吧，我們換個方式，讓你們在爲我們所做的一切案子都能賺錢。我們自己分析了這種付款方式之後發現，假如我們在每一樁合作案上都付廣告代理商一筆優渥的報酬，讓他們足以做出能爲我們賺錢的廣告，則我們各項雜七雜八的現金開銷維持不變，也許會稍微增加一些，但是我們可以因此得到做得比較好的廣告，而廣告公司還可以因爲他們爲我們所做的廣告而拿到利潤。

於是，我這樣告訴廣告代理商：凡是廣告代理商分派給可口可樂公司案子的人員（需得到可口可樂這方的同意），費用由可口可樂公司支付。至於經常性開支，我們給付的錢比一般狀況多了幾倍。此外，我們還會付一筆利潤金，數目遠高於他們與其它客戶的合作案。而假如他們做出了非常優異的作品，我們還額外發送獎金。根據我們自己的分析，我們可以爲廣告公司支付負責可口可樂案的人員薪水，還可以付二點五倍的管銷支出，外帶百分之二十的利潤。

奧格威曾經說過，假如你只肯付廣告公司幾毛錢，你就只能賺到幾百元。我同意。可是，這套方法仍然遭到反彈。廣告公司最先反彈的是，我們這套付款方式漏掉了一個東西：這麼一來，他們就沒辦法讓董事長拿到百分之十，總裁拿百分之十五，策略總監拿百分之十五，而這幾個人的秘書也各要有百分之五才對。沒錯，一點都沒錯，這些人是拿不到這些錢了。過去，廣告代理商會派遣上述人員到我們耳邊甜言蜜語，與我們「維繫感情」。謝了，我們不需要這種社交性質的拜訪。如果是爲了工作，我們當然歡迎，而且願意付錢讓你來；假如廣告代理商還是要派人來交際，請他們自己付錢。

其次的麻煩是，廣告代理商的名單上寫滿了想爲我們工作的人。但我們說：「謝謝你，可是我們不要這些人。」我們才不要付錢請一些沒辦法幫我們做出廣告的人，或是沒辦法滿足我們要求，讓我們了解消費者的人。對於哪些人才可以來負責我們的案子，我們的標準非常嚴格，因爲我們要藉由做廣告的機會提高自己的價值，同時也讓這些負責廣告的人有利可享。

我可沒有硬性規定，這份工作人員名單上的所有人，都必須是做研究的、寫文案的、製作影像的人。我們在中亞的一份合作案上，名單上列出了司機與廚房人員，我們公司的人看到名單就大叫：「太離譜了吧！」但我說沒關係。想要在中亞這個地區做生意，你的確需要司機和廚房人員，而且，假如廣告代理商說他們就是需要有這些人才能完成工作，我們就應該照自己所希望遵循的原則做事。結果，事情順利如意。廣告代理商知道自己穩賺不賠，做出了很不錯的東西；後來，因爲他們的廣告賺了錢，我們當然依約發給他們一大筆獎金。

我這套「廣告公司評量法」（AES），概念來自於曾經爲我工作，後來回歐洲發展的魏登（David Wheldon）。依照這套評量法進行的話，我們會根據廣告代理商對於我們業務的實質貢獻而付出獎賞，假如廣告代理商達到了某些標準，就可以獲得我們視情況而付給的獎金。

沒有人相信我們會照章辦事。所以，實施的第一年，魏登和我在飛往全球各廣告公司發獎金時，每一次都好玩透了。我們與配合的廣告公司見面開會，聽他們抱怨自己哪些沒做好，哪裡沒做對；會議終了，我們才抽出支票，發幾百萬元的獎金給他們。收過了獎金之後，很快的，大家都拼命追求更上一層樓。

## 專注於結果，使創意開花

率先表示支持我們這種措施的人，是廣告公司的創意人員。你八成以爲，我們說過不要那種自以爲有藝術氣質的廣告，所以創意人一定恨我們恨得牙癢癢。當然，我們所需要的廣告一定要能幫助銷售，這個態度我們絲毫不放鬆；可是，正因爲我們只關心廣告的推銷能力，所以我們非常開放，願意接受各種異想天開的點子，甚至做出一些可能會把其它公司嚇死的嘗試。只要這個點子不抵觸我們的策略，那麼就算它的成功機會似乎很渺茫，我們也願意放手一試；就算我們自己不怎麼喜歡這廣告，我們也願意實驗。我們給予創意人的自由度，比其它公司高。結果，我們的苦心沒有白費。記不記得有一則櫻桃可樂的廣告，有個小孩在百貨公司裡騎著鴕鳥逛？

我們的苦心沒有白費，不僅僅因爲我們的廣告偶爾能爲我們擊出銷售全壘打，更因爲我們讓創意人員自由揮灑，並在他們的創意奏效時奉上獎金，使得很多創意天才願意爲我們做事。我在可口可樂的第一段時期，與公司配合的廣告代理商很難找到優秀的創意人才來負責可口可樂公司，這很讓人氣餒。在這種情況下所做出的廣告，是他們以爲我們要的東西，卻不是眞正「適合」我們的東西。

時至今日，就我所知，全世界任何廣告公司的創意人都願意負責可口可樂的案子。爲什麼？我想，這是因爲可口可樂公司讓創意人有機會發揮。可口可樂公司非常淸楚，策略必須由自己擬定，但創意由廣告代理商作主；只有創意人員才做得到用有現代感的方式，在品牌與消費者之間建立關係，我沒有這種能耐。就我看來，公司經理人最好專心做行銷，不要插手管廣告的製作，也不要讓自己公司的人做廣告。就去花一筆夠意思的錢去找最棒的廣告公司做吧，我相信一定會成績斐然。

**廣告公司必須轉型，別再陷於「大就是好」的陷阱中，滿腦子如何得獎、賺外快、提供「全套」服務等等念頭，趕緊回頭鍛鍊基本動作。**

廣告公司是寶庫，資源豐富無比。像我，我有時候會找李奧貝納（Leo Burnett）幫我評斷廣告公司的作品——我可不是叫他們冷言冷語放馬後砲，而是希望他們幫我分析出哪些東西有效。

我還在可口可樂公司的時期，若要問，哪個產品的廣告做得最棒，定位策略最成功，當然非雪碧莫屬。正因爲雪碧被塑造得太成功了，所以我非常害怕我們會變成自說自話。有一陣子，我付給李奧貝納公司一筆可觀的錢，請他們爲我們評估雪碧的表現。李奧貝納他們眞夠賣力，用專家一般的態度來評估廣告公司的表現，而他們的分析精準無比，又不帶偏見。李奧貝納交出一份評鑑表，說明爲什麼雪碧的廣告如此成功。

他們以完全不涉利益的旁觀立場，爲我們分析出哪些地方很棒，哪些地方有待加強，這眞正是幫了大忙。我們從他們的分析中學到很多。不過，若希望這種競爭式分析達成效果，就務必要有一套良好的與廣告代理商配合的方式，以及眞正對你有深刻認識的廣告代理商。我們所學到的東西，不但使自己更進一步，也讓廣告代理商受益。

我深深相信，廣告公司以前那種運作方式已經破產了。廣告公司必須轉型，別再陷於「大就是好」的陷阱中，滿腦子如何得獎、賺外快、提供「全套」服務等等念頭，趕緊回頭鍛鍊基本動作。廣告公司的職責，在於製作好的廣告，能幫助客戶執行策略的廣告，能當客戶賣出產品的廣告。有幾家廣告公司一直做得不錯，例如威登甘乃迪、符里曼等等，都是一流的高手。現在，連奧美與麥肯也在改變，慢慢認識到自己的工作，是要把客戶想說的話傳達給消費者聽見。假如廣告公司想進入其它產業玩一玩，倒也無妨，但必須記住一件事：你的名字叫「廣告」公司。

客戶也要調整心態，必須掌控自己的策略，必須挑選能夠把自己品牌的好處表現得淋漓盡致的廣告公司來合作，必須向廣告代理商淸楚說明自己的策略和目標，然後，要有誠意一點，用夠意思的價錢請廣告代理商延聘有才華的人來做事。

假如能做到這些，最終你一定可以把產品訊息傳遞得更淸晰，足夠打動消費者來買你的東西。當然，你的公司、你自己，以及廣告公司，三方都得利。

結語

# 傳統行銷之死

我在這本書中所宣揚的行銷方式，你或許不想接受；你覺得，你的老方式一直能奏效呀，所以你還是要維持原有做法。假如你這樣想，我眞要用力建議你：再多想一想。老式的行銷方式已經死了；和貓王的死一樣，已成事實。也許，支持傳統做法的人仍然「在位」；也許，那些最最仰賴老式行銷的人，例如大型廣告公司和主流電視台，握有龐大的行銷預算，偶爾還可以從老方法中獲得一絲快感。不過，不會再有這種歌舞昇平的日子了。因爲，音樂已經奏完。我們所認識的老式行銷，已然壽終正寢。

假如你就要退休了，也許你可以趁著老式行銷法一息尙存，趕緊賣掉手上所持有的公司股票，然後離開這一行。不過，由於老式行銷法很快就會香消玉殞，所以，假如你還想多工作幾年，最好趕緊變出新東西。

環顧四周，你會發現：行之多年的行銷手法已經不能像過去那樣，一出手就必見效，卻像是垂垂老矣的電池，電力日漸微弱。現在，花在老式行銷法上面的經費，效益大不如前。

例證不勝枚舉。

大眾廣告法已經沒有能力打動人心。科技的進步，使得一般人擁有了以前所無法享有的許多選擇，因而造就了「消費者民主制度」。每一個人在每一項打算購買的產品當中，都有上千個選項，而市面上有成千上萬種產品，等著消費者掏出錢來把它帶回家。所以，做行銷的人更需要找出方法，針對消費者進行「個別談話」，或者切割成比較小的族群來溝通。由於選項太多，使得消費者會依據各種考量來決定買或不買。行銷人就要找出消費者所關心的重點。這就是老式行銷所做不到的了。

事實上，一種選項從來不可能滿足所有的人，可是，以前消費者沒別的可以選，就算不喜歡也只好忍受。但現在的消費者是不肯忍受的，不喜歡就是不喜歡。行銷人不再能倚賴那種強迫中獎式的零售法，期待消費者一定會在行銷人預期的時間與情況下購買；這種策略，比較可能用搭配折扣的方式來獲得零售商的青睞，但不可能贏得消費者芳心。將來，零售的策略會變成比較接近亞馬遜網路書店的方式，或是一小時即可取件的快速配眼鏡服務，因為消費者要的是這種東西。而且，零售的做法必須變得更省事、更輕鬆。

**三年前你花十塊錢所能得到的結果，現在你要花二十五元；但你所得到的銷量只是「租來的」，一旦你不再花錢租它，它就又消失了。**

既然老式行銷法無效了，於是我們看見，在一年當中，價格戰比前一年更早就開打，業者紛紛承認失敗，以「備案」在市場上應戰。所謂備案，當然就是指削價競爭。降價打折變成市場常態，但這做法的代價愈來愈高。因為大家都降價，所以你必須以更低價來面對。三年前你花十塊錢所能得到的結果，現在你要花二十五元；但你所得到的銷量只是「租來的」，一旦你不再花錢租它，它就又消失了。

促銷價就像是競選過程中的負面廣告手法。在競選過程中，假如一切手法都無效了，候選人往往會採取負面宣傳法。比方說，離投票日只剩幾個星期了，某候選人已經提不出任何政見，也說不出別的什麼有內容的東西了，就開始講對手壞話。負面競選手法可以凸顯自己與別人的差異，就和價格戰一樣，讓消費者得以據此做出決定或選擇。不過，價格戰或負面競選手段都無助於建立長期的支持度。

因爲當價格戰一結束，消費者會投向另一個願意提供低價的人。使用負面手法的候選人一旦當選了，他只讓選民覺得其他候選人都很爛，但沒有讓自己在選民心中留下正面印象，使得選民下一次還願意選他。所以，負面競選手法的代價高昂，而且，到頭來只是一場毫無價值的遊戲。你每一天都可以在報紙的企業動態版看到報導，說某某公司又垮了……而這家公司曾經賣出很多產品，但最後終不免一死。

**你不要再撐了。假如你再不動身往前進，做點改變，那麼，維持現狀一定等於落伍。**

未來的行銷，必須關乎「在消費者心中創造價值」。這表示，你要在消費者與產品（或所提供的服務）之間尋找到共通點，由此出發，建立品牌。這表示，你要花一段長時間與消費者建立感情，要定義出什麼叫「期待」，什麼叫「物超所值」。這也表示，你要做很多很多事情，好讓產品保持新意，一直能吸引消費者。

當愈來愈多行銷人了解我所說的這些，並且開始採行新式行銷之後，所產生的效應就會像滾雪球，最後引發雪崩。因爲一旦高階主管看到了這種新的、眞正的行銷手法所能成就的結果，那麼他們以後將不會願意退而求其次，不會再考慮採用老式的行銷方式。你不要再撐了。假如你再不動身往前進，做點改變，那麼，維持現狀一定等於落伍。

不過，話說在前頭：新式行銷並非輕鬆的工作，在採行之初尤其辛苦。資深的管理階層不會樂意提供你所需要的資源，並且還是會在市場衰退時逕自刪減行銷預算。你必須堅持立場，以數據和損益表爲基礎，用事實與數字來證明：你的行銷工作確實是有效用的，你所做的行銷是一項划算的投資。也許，由於你要求你行銷部門的人必須不斷提出更好的點子，由於你否決掉他們最最心愛但無效的企畫案，使得他們個個變得神經兮兮。也許，你很可能會發現，廣告代理商聽到你說，策略由你掌握，他們只要負責做出廣告就夠了，他們不怎麼來勁兒——

但是，相信我，我所說的這種新式行銷會帶給你精彩的回報，所以，你要堅毅不拔，不屈不撓。我在這本書裡所鋪陳的種種原則與做法，不是空泛的理論；過去十五年來，好幾樁大膽刺激的行銷企圖，因爲採用了新式行銷法當中的幾大元素，而得以成功。我知道，這套方式爲我帶來成功，我想，對你也會奏效。只要成功了，還有什麼樣的阻力是打不退的？

然而，收服了一切的抗拒之後，你的工作還沒有辦法就此輕鬆。既然是新式行銷人，你就永遠沒有輕鬆的一天，可以蹺起脚來不管事。想要在行銷工作上成功，你永遠必須努力——但這正是行銷工作好玩的地方。誰要懶懶坐在沙發裡，看著世界沒有你的參與而運轉？所以，趕快起身，加入世界。你愈早開始，就愈能為你的公司和你自己賺錢。

在這整本書裡，我再三強調策略與邏輯的重要性。為了讓你牢記在心，以下列出其中的重要原則。這些原則不必全部派上用場，光運用其中幾條，就夠你升級，成為比現在更棒的行銷人。當然，假如你全都學會了，你就是第一名啦。

## 新式行銷守則簡明版

- 行銷的唯一目的，在於賣出更多產品給更多人，吸引消費者更常來買，做到即使產品提高了價格也賣得一樣好。
- 行銷是一門嚴肅的商業活動；而漸漸的，認眞經營的商業活動，也都是行銷。
- 行銷不是在變魔術，假如行銷人裝出一副「行銷是魔法」的姿態，對自己沒有好處。行銷工作沒有半點神秘之處。
- 行銷是一門專業學科，不能隨便交給沒有受過訓練的親朋好友來做。
- 今日的市場是一種「消費者民主制度」，消費者有選擇權，因此，行銷人的任務是要告訴消費者，應該選什麼。

・訂出你的目的地，這目的地是你想要去的地方，而非你認爲你可以到達的地方。

・一旦訂出了目的地，就要發展出一套策略，讓你抵達那個地方。

・策略是你的老大，不容一刻或忘。如果說「一切事物都傳達出訊息給消費者」，那麼，這個「一切事物」就都要經由策略來掌握。你可以改變策略，但你一旦擬出了策略，所做的一切就都不可以違離策略。

・行銷是一門科學，講究做實驗、測量結果、分析、修正和複製。你必須要能夠在過程中改變。

・弄清楚什麼叫做「讓人很想擁有」，然後，讓你的產品也具備這種魅力，或者你也可以反過來，先弄清楚你能提供什麼樣的產品，然後讓你的產品變得「讓人很想擁有」。

・測量出每一個品牌的大小，以及每一個市場的大小。要定時測量，經常測量，至少一個月測量一次。行銷工作必須創造出結果。

・常常發問，隨時淸醒，好奇心永不歇息，時時保持原創精神。創意完全是一種摧毀過去成績的過程。過去毀了就讓它毀了吧，沒關係，因爲每一天都是新的一天。

・「雷同」是賣不出東西的。你產品的價值，要從它在市場中與其他同類產品的區別來判斷。

・用所有的意象元素來建立品牌：商標意象、產品意象、使用者意象、使用情形意象、聯想意象。

・不斷提出理由給消費者，讓消費者有理由來購買你的產品。你必須能吸引他們願意常常回來，就算價格提高了也願意買。

・採用本土化的行銷。你要讓所有的消費者都覺得，你的產品對他這一個人是有吸引力的，先要有很多個很強的地方性品牌，才可能累積爲全球性的品牌。

・到有魚的地方捕魚。集中你的銷售火力，針對那些有意願、有能力購買你產品的消費者來努力。把市場做出區隔，辨識出你產品獲利最高的對象是誰。

・教導別人或企圖改變別人的行爲，是難事一樁；但要讓行出同一項行爲的人數增加或擴大，可就容易得多。

・把業務來源放在心上。常常思考：下一筆生意在哪裡？接下來你要從誰的身上賺到錢？

・不要被眼前的立即需求給蒙蔽了。一時的喜好說變就變。要不斷向已經買你產品的人推銷。

・要確實讓公司組織裡的全體人員都了解你的策略、目標和公司業務的目的。然後，放手讓工作人員執行你的策略。

・尋找最棒的行銷專業人才來爲你做事，依據他們的能力來分派工作。你要擁有的是最棒的人才，而不是最棒的組織結構表。

・表現優異有賞，表現不佳要受罰。

・擬定策略是你分內的事。廣告代理商的任務，則是把你的策略用有效的方式傳達出來。

・沒有哪一家廣告公司可以滿足你旗下所有品牌的一切需求。沒有哪一套方式可以走遍天下都通用。

・對待你的廣告代理商要慷慨一點，讓他們能夠吸引好人才進來工作，不過，必須要求你的廣告代理商，做出來的結果必須是可以測量出來的。

・心中有危機意識，把熱情灌注於工作中。要不然，你活著是幹嘛的？

我所建議的很多事，看起來似乎是人盡皆知的常識，但當你想要在行銷世界中採用我所建議的做法時，在這個向來相信行銷如同變魔術的環境當中，你會被當成革命份子。所以，心裡要有準備，萬一有人取笑你的時候，千萬記得：保持幽默感。

聽到那些個愛插科打渾的人叫我"Aya-Cola"時，我可不怎麼高興。不過，轉頭想想，隨便他們叫吧，哪一隻狗身上不帶幾隻跳蚤？在好事裡面必然會帶有壞東西的。況且，最後笑得最大聲的人，一定是敝人在下我。他們依戀著過去，我可是要開創美好前途的。而且，我一定會把他們遠遠甩在後面，早早到達所期待的未來。

**國家圖書館出版品預行編目資料**

Coke 的另一種配方／瑟吉歐・柴曼（Sergio Zyman）著；陳逸君譯. -- 初版-- 臺北市：大塊文化，2000 [民 89]

面；公分.（Touch）

譯自：The End of Marketing as We Know It

ISBN 957-0316-13-6（平裝）

1. 銷售

496.5　　　　89005071

105 台北市南京東路四段25號11樓

廣告回信
台灣北區郵政管理局登記證
北台字第10227號

# 大塊文化出版股份有限公司　收

地址：＿＿市／縣＿＿鄉／鎮／市／區＿＿路／街＿＿段＿＿巷

＿＿弄＿＿號＿＿樓

姓名：

請沿虛線撕下後對折裝訂寄回，謝謝！

大塊 LOCUS 文化

編號：to 015　書名：Coke的另一種配方

大塊 LOCUS 文化

# 讀者回函卡

謝謝您購買這本書，爲了加強對您的服務，請您詳細填寫本卡各欄，寄回大塊出版 (免附回郵) 即可不定期收到本公司最新的出版資訊。

**姓名**：________________ **身分證字號**：________________

**住址**：________________________________

**聯絡電話**：(O)________________ (H)________________

**出生日期**：______年______月______日 E-mail: ________________

**學歷**：1.□高中及高中以下 2.□專科與大學 3.□研究所以上

**職業**：1.□學生 2.□資訊業 3.□工 4.□商 5.□服務業 6.□軍警公教 7.□自由業及專業 8.□其他________

**從何處得知本書**：1.□逛書店 2.□報紙廣告 3.□雜誌廣告 4.□新聞報導 5.□親友介紹 6.□公車廣告 7.□廣播節目8.□書訊 9.□廣告信函 10.□其他__________

**您購買過我們那些系列的書**：

1.□Touch系列 2.□Mark系列 3.□Smile系列 4.□Catch系列
5.□PC Pink系列 6□tomorrow系列 7□sense系列

**閱讀嗜好**：

1.□財經 2.□企管 3.□心理 4.□勵志 5.□社會人文 6.□自然科學
7.□傳記 8.□音樂藝術 9.□文學 10.□保健 11.□漫畫 12.□其他_____

**對我們的建議**：________________________________

________________________________________________

________________________________________________

LOCUS

LOCUS

LOCUS

LOCUS